地球はなぜ「水の惑星」なのか

水の「起源・分布・循環」から読み解く地球史

唐戸俊一郎　著

ブルーバックス

装幀／芦澤泰偉・児崎雅淑
カバーイメージ／ HIROSHI YAGI/orion/amanaimages
本文デザイン／ WORKS（若菜　啓）
本文図版／さくら工芸社

まえがき

地球はよく「水の惑星」と呼ばれます。それは地表の大部分が海でおおわれているからですが、海水の量は質量にして、地球全体の約0・023％にすぎません。しかし、少量ですが、この水が地球をユニークな惑星にしているらしいと考えられています。例えば、今のところ生命が発生したことが確認されている惑星は地球だけです。また、堅い岩盤（プレート）が海嶺(かいれい)で生成され、海溝で地球深部に戻っていくというプレートテクトニクスという様式の地質活動が長いあいだ起きている惑星も地球だけです。このどちらも水のおかげである可能性が高いのです。

そこで、多くの科学者は、地球の水はどこからきたのか、地球には海水の他にどれだけの水があるのか、地球内部に水があるとすればどのように循環しているのか、という問題に挑んできました。水に関する問題が解明されれば、なぜ地球が他の惑星と違っているのかを理解できるようになる、と期待できるからです。

地球の水についての研究では、地表に海水がいかに安定に存在するかが問題にされることが多いのですが、地球内部の水も無視できません。地球内部は質量にして海水の5000倍近くもあります。したがって、もし地球深部の物質がある程度の水を保持できるなら、地球内部は巨大な水の貯蔵庫となりえます。実際、ここ20年くらいの研究で、地球深部の物質は多量の水を蓄えうることが明らかになりました。そして、実際の地球内部の水の分布も推定されるようになったのです。その結果、地球内部には海水よりずっと多量の水があることがわかってきました。また、水が地球内部でどのように循環しているのかも、かなりの程度わかりつつあります。どうやら地表にある海水も、地球深部における水の循環と密接な関係をもっているようです。

本書では、まず、宇宙でのいろいろな元素の合成から出発し、地球などの惑星がその形成時にどのようにして水を獲得したのかを説明した後、地球(や他の惑星)内部の水について考えます。惑星形成時や地球深部の水については最近その理解が進んだのですが、手に入る試料はごくわずかなので、これらの問題を直接に調べることは困難です。そこで、科学者はいろいろな手がかりをたよりに、ゆたかな想像力を駆使して仮説をたてます。そして、様々な観測データと照らし合わせ、仮説のもっともらしさを検証していきます。ちょうど、シャーロック・ホームズが謎を解くように。

謎を解くには、いろいろなデータを集めることが大事です。地球のことを理解するためには、地球だけでなく、地球に似た他の惑星のデータが得られるととても助けになります。もっと広い視野で地球を見ることができるからです。最近、たくさんの系外惑星(けいがいわくせい)(太陽系の外にある惑星)

が見つかってきました。その中には、地球のように少量の水をもち、生命を育む惑星があるかもしれません。地球の水の謎が解けてくると、どのような条件を満たすと地球のような惑星ができるのかも想像できるようになるでしょう。

本書は、いくつかの機会に私が行った一般向け講演に基づいたもので、地球や地球型惑星の水について、一般の読者（高校生程度の知識をもち科学に興味のある人）を対象にして解説しました。これまでに得られている知識を紹介するだけでなく、科学者がこのような問題にどう取り組んでいるのかを解説することにも重点をおきました。地球の水についての問題にはいろいろな分野の観測、実験、理論を総合して急速に理解が進んではいますが、まだわからないことが多く残されています。本書が、一般の方々の地球惑星科学への関心を高めることに役立ち、読者の中からこのような謎解きに挑戦する人が出てくることを期待しています。

序章
第1章

惑星の水はどこから来たのか

水が地球の性質を変える

第4章 マグマの海と地球の水

第5章

水は地球内部をどう循環しているか 159

5-4 プレートテクトニクスと水の循環

地球、月、惑星の水

序章

ユニークな惑星、地球

地球は非常にユニークな惑星です。なぜ地球がこのようなユニークな惑星になったのかを理解するには、広い学際的視野が必要です。

私たちは地球に住んでいます。地球には温暖な大気があり、そのため海洋も存在し、私たちを含む多くの生物が住んでいます。また、プレートテクトニクスという様式の地質活動が起こっています。

地球は惑星の一つですから、地球のような惑星が他にもあるのかというのは、誰もがもつ疑問です。特に、生命を宿す惑星が他にもあれば、私たちの世界観をも揺さぶる大事件です。この疑問は、ここ20年ばかりの間に起こった多量の系外惑星の発見によってより切実な問題になりました。

系外惑星は確かに魅力的な対象ですが、今のところ、その化学組成など詳細はほとんど知られていません。一方、太陽系の惑星に関しては1960年代からアメリカとロシア（旧ソ連）の探査機による詳しい調査が行われてきました。しかし、これらの探査では生命の痕跡を示す惑星は地球以外には確認されていません。また、意外なことに、金星のように地球に大きさや組成の似た惑星でもプレートテクトニクスの証拠は見られませんでした。生命の誕生もプレートテクトニクスも、地球以外では見られない珍しい現象のようなのです。

どうやら地球は非常にユニークな惑星らしいのです。

味気ない「地球物理学」

こうなると、地球は非常にまれに存在する惑星であり、同じような惑星が存在する可能性はほとんどないのか、それとも地球と同様な惑星がこの宇宙に多量に存在する可能性があるのか、を理解したくなります。そのためには、惑星がどのように形成され、進化していくのか、その過程で生命発生に必要な条件がいかにして長時間維持できるのか、などを広い観点から解明する必要があります。豊富にある地質学的記録、隕石、他の惑星などについての観察結果などを物理、化学の原理から解釈し、時には生物学をも含んだ、総合的な学問が必要になります。ところが、このような学際的科学は普通の教育課程では学ぶことが容易ではありません。

私は子供の頃から科学が好きで、1968年に大学の理系の学部に入りましたが、いろいろな選択肢を前にして、どの分野に進もうかと悩んでいました。ちょうど、その頃、プレートテクトニクスというモデルが地球科学の世界で革命を起こし始めていました。プレートテクトニクスは、固体地球（岩石）も長時間では流動しマントル対流を起こし、その結果として火山、地震、造山運動などの地質活動が起こるという、物理的原理に基づいた地質現象のモデルです。地質学に物理学の原理を取り入れた大変魅力的な学問のように見えました。私はこのような新しい学問を学べるものと期待して地球物理学科に進学しましたが、その実情は私の想像とずいぶん違っていました。

その頃、東大の地球物理学科は物理学科、天文学科と一緒になった物理系の学科の一つで、私は物理学や天文学を専攻する学生とほぼ同じ講義を聞いていました。いざ地球物理学の勉強を始めると、当時の東大で教えられていた地球物理学は「物理学」とは名前だけで、応用数学のような味気ないものでした。物理学では素粒子や超伝導など自然の根本原理を追究しているし、天文学では多くの観測データに基づき、宇宙の構造や星の進化などについての一般法則が追究されているように見えました。

それに比べ、地球物理学はただ一つの地球を相手にし、あまり本質には迫らない、現象論の列挙が多く退屈な学問に思えてならなかったのです。また、地球に似た惑星は火星、金星などいくつかありますが、天体物理学に匹敵する地球惑星科学を構築するには、観測対象があまりにも少なすぎることも痛感しました。

系外惑星の発見

この閉塞感を払拭（ふっしょく）したのが、先にも触れた、スイスのマイヨール（**コラム1**）らによる、1995年に報告された系外惑星の発見です。太陽以外の恒星の周りにも惑星があることは以前から予想されてはいました。しかし、それを確認するのは簡単ではありません。惑星からくる信号が、すぐそばにある恒星からくる信号に比べてはるかに弱いので、恒星からの信号に隠されてしまうからです。

なんとか系外惑星を検知する方法はないものでしょうか？　そこで考えられたのが間接的な検知法です。恒星の周りを惑星が回っていると恒星の動きに少しのブレが生じ、恒星からくる光の波長がドップラー効果[注1]で、ほんのわずかですが惑星の運動に対応する周期で変化します。マイヨールたちは観測技術に改良を加えてこのブレを検知し、系外惑星の存在を疑いのないものにしたのです。

最初の発見からまだ20年くらいですが、その間に３０００を超す系外惑星が確認され、地球に近い質量をもつものや、一つの星の周りに複数の惑星のある太陽系のような惑星系も見つかっています。最も重要なのは、恒星の過半数に惑星（系）が付随していることが明らかになったことです。こうなると、この宇宙には膨大な数の惑星があるはずで、「Are we alone?（この宇宙には我々だけなのか？）」という疑問がＳＦのネタではなく科学の対象として真面目に検討されるべき時が来たのです。

系外惑星の発見により、地球がどのようにして現在あるようなユニークな惑星になったのか、他にも地球のような惑星があるとしたらどんな条件が満たされた場合なのかという問題が地球惑星科学の焦点になってきたのです。

鍵を握る水

この問題を理解する鍵は水にあります。水と生命との関連は明らかですが、水とプレートテクトニクスも密接に関係しているのです。本書で解説するように地球や惑星の内部には海水を超える量の水が蓄えられており、プレートテクトニクスが起こると水が地球や惑星の内部から表面へ、また表面から内部へと大規模の循環をするからです。この水の大循環が、惑星の表面に適度な量の水が長期間存在する条件、つまり生命の発生する条件を決めている可能性があります。また、プレートテクトニクスが起こるか否かの条件も、直接的ではないのですが、水に依存しているらしいのです。

（注2）（注3）

そこで、なぜ地球がユニークな惑星になったのかを理解するには、

(1)惑星の形成過程で、地球のような岩石を主体とする惑星に、水はどこから、いつ頃取り込まれたのか?

(2)取り込まれた水は惑星全体の中でどのように循環し、表面にある海を維持しているのか?

といった問題を検討してみることが重要です。本書では地球や惑星の水についてのこのような問題について、科学者がどのように挑戦をしてきたか、どこまでわかっているのかを解説します。

この本の構想

第1章では、準備として、地球惑星科学の基本をおさらいします。

第2章では、まず、宇宙での元素の合成について学びます。岩石や生命を作っている元素がどのようにしてでき、分布しているのかを、元素の合成についての理論といろいろな天体についての観測結果を頼りに解説します。第2章の後半では、いろいろな元素がどのように惑星に取り込まれたのかを解説します。惑星の化学組成を理解するのに、揮発性という概念が手掛かりになります。揮発性の概念を頼りにしながら、惑星が形成されるときに水などの物質がどのように分布するのかを解説します。

第3章では水と鉱物、メルト[注4]（融けた岩石）などとの相互作用について、主として物質科学的観点から解説します。これは、後の章で地球（惑星）の進化における水の振る舞いを考えたり、地球や惑星内部の水の分布を推定する方法を理解したりするための準備にもなります。

第4章では地球進化の初期での水について解説します。惑星形成の初期にはその表面が高温になり、岩石が融けたマグマで覆われていたと考えられています。これをマグマ・オーシャン（マグマの海）と呼びます。マグマ（メルト）には多量の水が溶け込むので、マグマ・オーシャンは惑星に取り込まれる水の量や分布に大きな影響を与えます。マグマ・オーシャンが大気と海洋の形成、地球や惑星内部での水の分布にどのような影響を与えるかを考えます。

第5章では、マグマ・オーシャンが固まった後の地球の歴史を考えます。この段階では、マントル対流が地球の進化に大きな影響を与えます。プレートテクトニクスはマントル対流の一つの様式です。ただし、プレートテクトニクスが起こっていることが確認されているのは地球だけです。プレートテクトニクスは限られた条件でだけ起こることを説明し、なぜ地球でだけプレートテクトニクスが起こっているのかを考えます。

第6章では、地球や惑星内部の水についての最新の知識を解説します。この分野は実験的研究と新しい観測結果のおかげで、最近急速に進みました。また、地球の海水の量が地質時代にどのように変化してきたのかを検討する研究を紹介し、地球内部での水の循環と海水の存在について考えます。さらに、地球だけでなく月やその他の天体の水についての知識も解説します。

第7章では、水を中心に今後の地球惑星科学の方向について解説します。

そして最後の第8章では地球惑星科学の特徴と勉強の仕方について述べます。

この本で紹介する事柄の大部分は地球惑星科学の最先端の問題です。最先端の問題と聞くと難しいと思われるかもしれませんが、この本では、それらをできるだけわかりやすく解説しました。予備知識はほとんど仮定していません。本書を読むのに必要な地学に関する基本的事項は第

1章にまとめました。高校程度の科学の知識と、常識にとらわれず自分で考えていこうという意欲があれば簡単に読めるはずです。

本書では一般に受け入れられている考えを紹介する一方で、そのような考え（通説）の問題点も指摘しました。その場合、なぜ、異なった考えがあるのかをできるだけわかりやすく説明したつもりです。科学の進歩は一筋縄ではいかないことが多く、地球の水以外の問題でもいろいろと違った見解が共存することがよくあります。本書ではいろいろの考えを紹介し、読者がそれらの考えについて自分自身で評価できる助けになるように記述しました。

〈注1〉ドップラー効果は音や光を放つ物体が観測者に近づいたり遠ざかったりするとき、その波長が変化する現象です。近づいてくる電車の警笛が高く聞こえるのはその例です。

〈注2〉生命に関しては、本書では紙面の都合もありほとんど触れません。巻末文献を参照してください。

〈注3〉惑星表面全体が水で覆われていると生命の発生は困難です。生命の発生には陸の存在も重要です（これは丸山茂徳（まるやましげのり）、阿部豊（あべゆたか）などによって、それぞれ違った観点から指摘されています）。

〈注4〉本書では融けた岩石のことを、融けた物質という意味で「メルト」と呼びます。「マグマ」という言葉も使いますが、これは実際に地球などの惑星にあるメルトのことです。メルトは物質についての用語、マグマは地学的な対象についての用語として使います。

（著者撮影）

マイヨール

（Michel Mayor, 1942-）

スイスの天文学者。博士論文の頃から一貫して研究テーマは星の運動速度を測ることに関連していました。研究対象を我々の銀河の個々の星から、発見されたばかりの褐色矮星（かっしょくわいせい）（木星と太陽の中間の質量をもつ天体）に移し、そのために観測方法を改良している中で、ペガサス座51番星（恒星）の周りに、褐色矮星より小さな木星の半分程度の質量の惑星を発見しました。

曖昧な点の多かったそれ以前の系外惑星の存在を示唆する報告と比べて、マイヨールらの論文には確実なデータが報告されており、即座にその重要性が認められました。そして、その直後に世界中で大規模な系外惑星の探査プロジェクトが動き出しました。まさに世界を揺るがした発見です。

その業績に対して、アインシュタイン・メダル（スイス）、レジオン・ドヌール勲章（フランス）、京都賞（日本）などを受賞しています。２０１６年１月にスイスのベルンでお会いすることができましたが、飾らない気さくな人柄が印象的でした。

地球についての ABC

この章では、準備として、以下の章を理解するために必要な、地球についての基礎知識をまとめておきます。主に地球の起源、構造、マントル対流について解説します。

太陽と地球の起源

太陽のような恒星は、宇宙空間に漂う気体と塵が重力により集まってできます。集まった物質のほとんどは恒星を作りますが、できたての恒星の周りには、ほんの少しの残りかすからなる星雲が形成されます。この星雲（原始太陽系星雲）が惑星の材料になりました。つまり、地球や他の惑星は恒星（太陽）の副産物としてできたのです。最近、観測天文学の進歩のおかげで、このようなできたての恒星や惑星の作られつつある現場が直接に観察できるようになりました（**図1−1**）。

太陽が形成されたのは今から約46億年前です。この数字は、最も始原的とみられる隕石の年代測定の結果から推定されました（64ページ）。太陽自身の年代を直接測定することはできませんが、それらの隕石のできる直前であると考えられています。

巨大な質量の気体や塵が集まるので、星の内部は高温、高圧になり、核融合反応が起きます。そして、核反応のエネルギーで自ら光るのです。特に重要なのは、水素が核融合してヘリウムになるときに出る熱で、これをエネルギー源にして光る星を主系列星と呼びます。太陽は主系列星の一つです。

林忠四郎（**コラム2**）は、星が主系列星になる前に、強い放射を放つ時期があることを理論

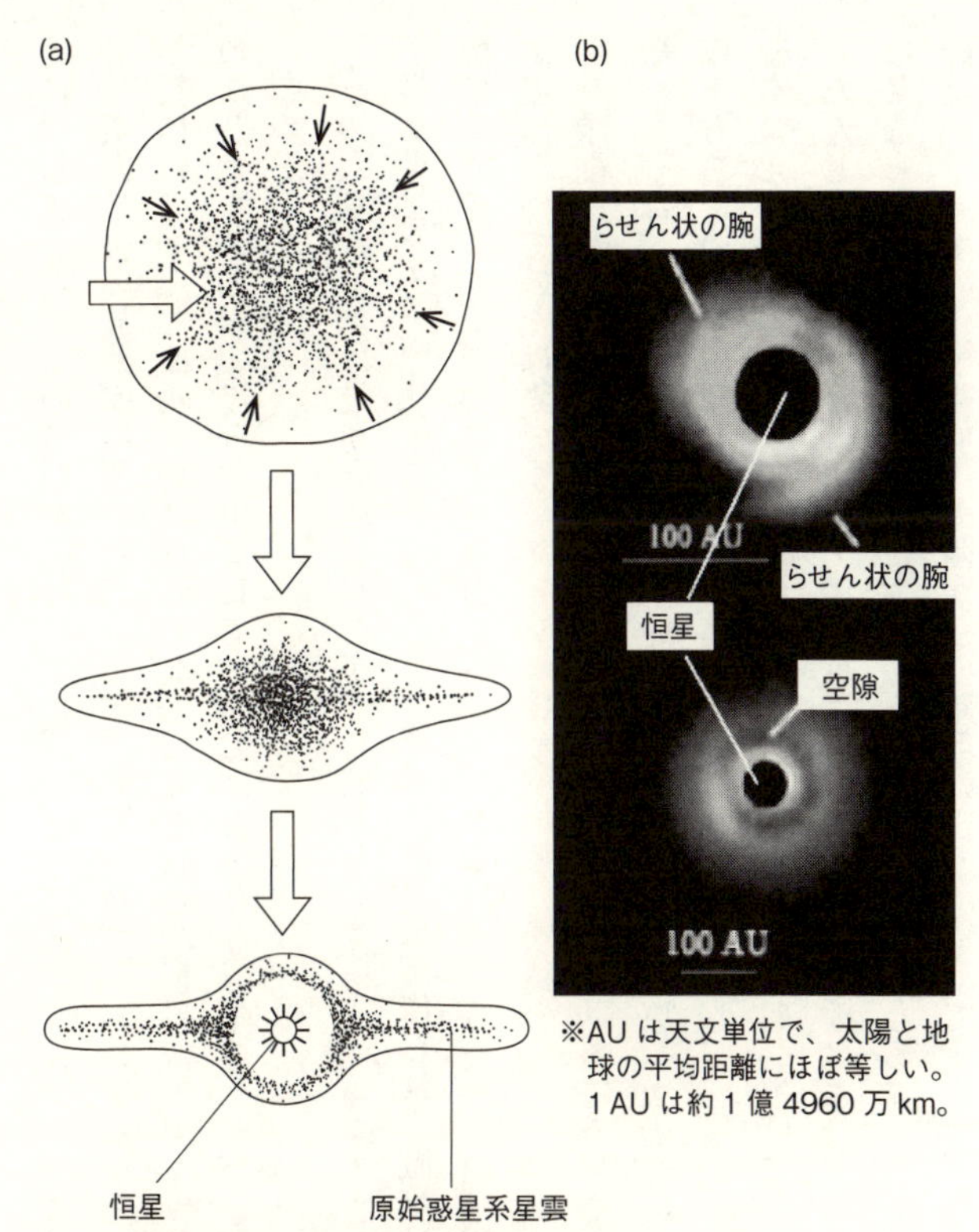

図1-1 恒星と原始惑星系星雲の形成の様子

(a)　重力により気体と塵が集まり恒星ができる（模式図）。その周りにも物質がありこれが原始惑星系星雲となり惑星はそこから生まれる（Hartmann, 1999にもとづく）。

(b)　すばる望遠鏡によって観測された実際の原始惑星系星雲（Tamura, 2016にもとづく）。

的に示しました。この時期を「林フェイズ」と呼びます。林フェイズの星はTータウリ星と呼ばれ、実際に強い放射が観測されています。太陽が林フェイズにあった頃、原始太陽系星雲にあった気体のほとんどは吹き飛ばされてなくなりました。恒星がTータウリ星になるのは、誕生直後のことです（太陽の場合、生まれてからおよそ１００万年後。ただし、この時期は星の質量によって異なります）。

原始太陽系星雲は最初高温でしたが、時間とともに冷えていきました。冷えるに従って、固体が凝縮（ぎょうしゅく）します。固体が集まって小さな惑星、微惑星（びわくせい）が作られ、微惑星どうしが衝突・合体して惑星ができます。衝突により重力エネルギーが解放されるため、惑星形成の後期にはその表面は高温になっていたはずです。

地球などの惑星は原始太陽系星雲の形成から数千万年以内にできました。太陽系が現在の姿となったのは、その歴史のかなり早い段階だったのです。原始太陽系星雲は太陽とほぼ同じ化学組成をもち、いろいろな元素で構成されていました。しかし、惑星ができるとき、水素など揮発しやすい元素（気体になりやすい元素）はある程度宇宙空間へ逃げてしまいました。

ただし、揮発性元素の逃げ方の程度は、太陽からの距離によって大きく違っていたはずです。なぜなら、原始太陽系星雲では太陽からの距離が大きくなるにつれて温度が下がるからです。そのため、惑星の化学組成は太陽からの距離によって違ってきます。地球や火星や金星など、比較的太陽に近いところにできた惑星は多くの揮発性物質を失い、岩石が主体となりました。もっと遠いところでできた木星などの惑星は、水素のような揮発性元素を多くもっています。惑星の形成時にどのようにして揮発性元素が逃げたのかは、水の起源を考えるときに重要なので、第2章で詳しく解説します。

地球表面の大気と海

ここからは、地球の構造や組成を学びましょう。地球全体の質量は５・９７２×10^{24}kgです（10^{24}は1,000,000,000,000,000,000,000,000のことです。０が24個あるのでこう書きます）。この質量のほとんどは固体でできた部分にあります。しかし、地球の表面には流体でできた大気と海があり、我々には身近な存在です。そこでまず、大気と海の基本的な知識からおさらいしましょう。

大気の質量は５・１５×10^{18}kg（地球全体の約０・０００１％）で、いくつかの層に分かれています。地表付近の層を対流圏（極地方では高度０～９km の範囲、赤道では０～17km）、その上の層を成層圏（約50kmまで）、さらに上を中間圏（約80kmまで）、熱圏（約８００kmまで）と呼びます。熱圏の外側は宇宙空間です。

対流圏の大気の組成は、窒素（N_2）と酸素（O_2）が主です。一番多い不純物はアルゴン（Ar）です。他には少量ですが、水蒸気（H_2O）や二酸化炭素（CO_2）などの温室効果ガスも含まれます。

温室効果ガスは大気の温度を決めるのに重要な役割を果たしています。前記の組成は現在の大気のもので、太陽や原始太陽系の組成とは大きく違っています（**図1－2**）。このことから、地球の大気は原始太陽系星雲中の気体を捕まえてできたものではないことがわかります。例えば、大気中のアルゴンのほとんどは、地球内部の鉱物に含まれるカリウムが崩壊してできたものです（地球の大気の約1％はアルゴンですが、太陽大気のアルゴンの量は0・001％程度です）。大気や海洋にある、その他の揮発性元素もそのほとんどが固体地球を作っている物質から地質学的な時間をかけて表面に出てきたものなのです。この点については第4、5章で解説します。

上層大気（例えば熱圏の大気）の組成は、対流圏の大気とは大きく異なります。上層では圧力が非常に低いので、分子は分解し、酸素や窒素も原子の状態になっているのです。水の分子も水素原子と酸素原子に分解しており、水素原子は軽いので宇宙空間へ逃げてしまいます。ただし、地球の場合は、ほとんどの水が液体状態で（海水として）存在するので、大気中に水蒸気は少なく、水素が宇宙空間へ逃げるペースはごくゆっくりです。金星の場合は逆に、高温のため初期にあった水のほとんどは水蒸気になっており、水蒸気の分解でできた水素が大気からどんどん逃げていきます。そのため現在の金星の大気には、ほとんど水が残っていません（詳しくは第4、5章）。

海水の質量は1・38×10^{21}kg（地球全体の約0・023％）、平均の深さは3729m、面積

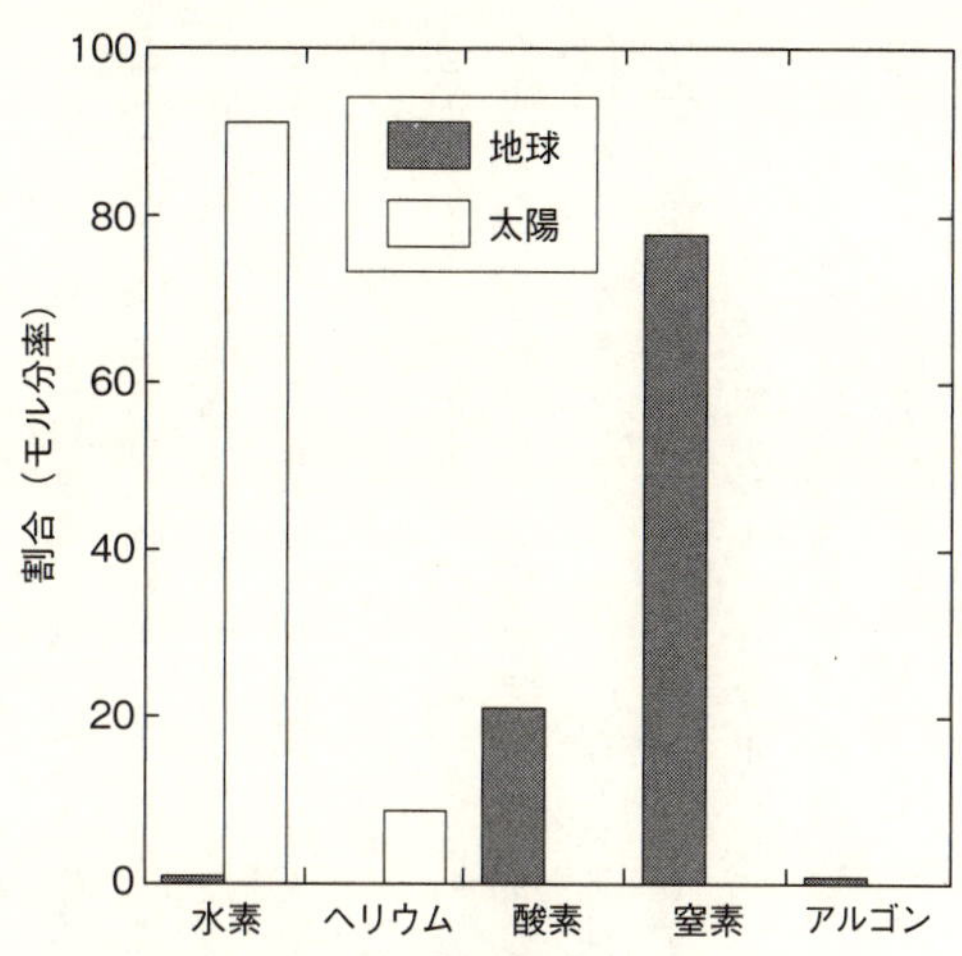

図1-2 大気の組成（地球と太陽の比較）
地球大気の水素は水蒸気のもの（場所によって大きく違う）。

は３億６２８２万㎢、平均密度は１・０２ｇ／㎤です。その組成はもちろんほとんど水ですが、少量の不純物が入っています。主な不純物はナトリウム、塩素、マグネシウムです。炭素（炭酸ガス）も少し溶けています。生命に必要なリンはほとんどありません。またカリウムもナトリウムに比べて少量です。

大気と海洋は地球の歴史のごく初期にできました。その後、地球内部での水の循環によって海水の量は変動し、また、地表での化学反応によって組成も変化してきました。

固体地球の構造と性質

固体地球の質量は５・９７×10^{24}kgで、全地球の質量のほとんど（99・97％）を占めます。固体地球の平均半径は6371㎞です。質量と大きさから計算すると、固体部分の平均密度は5・51g／㎤となります。石英（せきえい）とかオリビン（カンラン石）という地表近くにある鉱物の密度は2・7～3・3g／㎤ですから、地球内部はこれらの鉱物より重い物質でできていることがわかります。

固体地球の構成物質は、表面近くでは、地質学的方法（詳しくは6－1節を参照）で研究できます。しかし、地表で見られる試料の大部分は200㎞より浅いところから来たものです。これ以上深いところになると試料を直接取ることができないので、地球物理学的手法（詳しくは6－2節を参照）で研究しなければなりません。例えば、地震が起こると地球内部を伝播（でんぱ）する地震波を利用する方法です。地震波は音波と同じような弾性（だんせい）波ですから、その伝播の様子（例えば波の伝播速度）を調べると、地球内部での弾性定数（剛性（ごうせい）率など）の分布がわかります。弾性定数は物質の微小な変形への抵抗を表す指標です。これと、全地球の質量などを考慮すると、地球内部で密度、弾性定数がどういう分布をしているかがわかります。

密度と弾性定数の分布から、地球内部の圧力が計算できます。地球の中心で約360GPa（Pa〔パスカル〕は圧力の単位。1Pa＝1ニュートン／平方メートル。G〔ギガ〕は10^9）、マントルの底（深さ2890㎞）で約135GPaです。温度は正確にはわかっていません。現在の地球では、たいていの場所で温度は深さとともに増加し、地球の中心で5500～6000℃程度、660

kmの深さでは１２００～１８００℃程度、１００kmでは８００～１４００℃程度と推定されています（同じ深さでも温度は場所によって違います）。

実験室で決められたいろいろな物質の密度や弾性定数と、地震学的研究から推定された地球内部の性質とを比べれば、地球内部にどんな物質があるかを推定することができるのです。

地球を構成する物質を推定するのには、１次元モデルという近似的なモデルがよく使われます。このモデルでは、地球の構造は深さ方向にのみ変化すると仮定します。地表近くだけを見るとこのモデルは成り立ちませんが、深部構造を考えるうえではある程度有用です。こうした研究から、固体地球の構造について以下のことがわかってきました。

固体地球の表面付近は、玄武岩や花崗岩といった岩石からできています（海洋地域では主に玄武岩、大陸地域では主に花崗岩）。この領域を地殻と呼んでいます。地殻の厚さは、海洋地域ではほぼ一様で７kmくらい、大陸地域では20～70kmと場所によってかなり違います。

玄武岩は輝石や斜長石などの鉱物から構成されています。一方、花崗岩は石英、長石や黒雲母などの鉱物からなっています。このどちらも、いちど融けた岩石（メルト）が固結してできた岩石です。花崗岩の中に黒雲母のような含水鉱物（含水鉱物とは結晶の決まった位置に水素の入った鉱物。例としては黒雲母〔$KMg_3AlSi_3O_{10}(OH)_2$〕があります。詳しくは第3章を参照）が多く入っていることから、花崗岩のもとになったメルトは水を多量に含んでいたことがわかります。

玄武岩には含水鉱物はほとんど含まれず、花崗岩にくらべると水は少量です。

　地殻より深い部分はマントルと呼ばれています。マントルは地殻直下（7㎞〜数十㎞）から核（核とマントルの境界は深さが2890㎞）までの広大な領域です。マントルは三つの層に分かれています。一番浅いところが上部マントル（表面から410㎞の深さまで）、次が遷移層（410〜660㎞）、そして一番深いところが下部マントル（660〜2890㎞）です。それぞれの層の境界では、密度と弾性的性質が大きく変わります。これらの層の性質のちがいはおもに、鉱物の相転移によって生じます。相転移とは、圧力や温度条件のちがいによる鉱物の結晶構造の変化のことです。地球深部の高圧下では、鉱物はより密度の高い構造をとるのです。

　相転移によって、密度以外の性質も変化します。地球の水について考えるうえで重要なのは、鉱物による水の溶解度のちがいです。（注1）マントルの遷移層にある鉱物は水の溶解度が非常に高く、遷移層は水の貯蔵庫になっていると考えられています。

　地球の中心部分（核）の密度と弾性的性質を実験室での研究結果と比較すると、核は原子番号の大きな物質でできていることが推定されます。宇宙にたくさんある原子番号の大きな元素は、鉄です（なぜ宇宙に鉄が多いのかは第2章で説明します）。そこで、地球の中心にある核と呼ばれる部分は主として鉄でできていると考えられています。鉱物が高い圧力で相転移などによって高密度になることと、鉄でできた核を考えると、本項の最初に述べた地球全体の高い平均密度

（5・51g／㎤）を説明できます。

核は中心部の内核（ないかく）と外側の外核（がいかく）という、二つの領域に分けられます。内核は固体の鉄、外核は融けた（液体の）鉄でできています（ですから、外核を「固体地球」に入れるのは、厳密には正しくありません）。ただし、外核の密度は純粋の鉄より低いことがわかっているので、外核にはかなりの量の軽い元素が入っているはずです。軽い元素の候補としては水素、酸素、硫黄、ケイ素、炭素などが考えられています。

実験的研究で、実際に鉄には水素のような軽元素が大量に入りうることがわかりました。つまり、核は軽元素の巨大な貯蔵庫になっている可能性があります。しかし、どんな軽い元素がどれほど入っているのかはよくわかっていません。核の化学組成はその形成過程に強く依存します。逆に、核の化学組成がわかれば、核の形成過程についての理解が深まるはずです。これからの研究が期待されます。

地球の構造を**図1－3**に示しました。これは、地球の構成物質が深さとともにどう変わるかをごく大雑把（おおざっぱ）に表したモデルです。

固体地球はその名の通り固体でできており、大気や海洋に比べて堅い（変形しにくい）物質からできています。しかし、固体も地質学的な時間ではゆっくりと流動することがあります。固体地球は、表面近くの比較的堅いリソスフェアとその下の柔らかいアセノスフェアという、岩石の

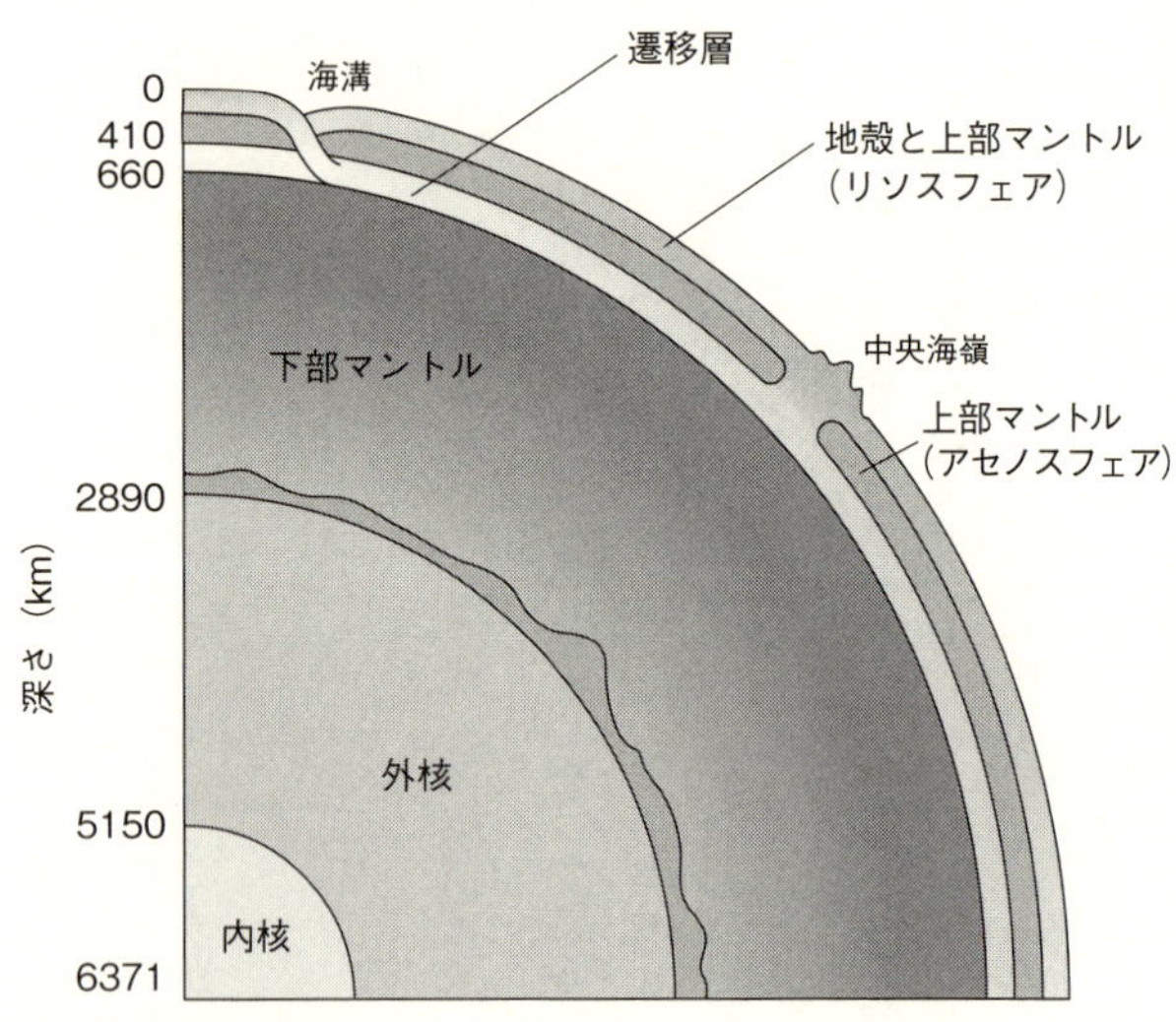

図1-3 地球の構造

流動性から見た層構造をもっています。これは、地殻・マントル・核という構成物質による区分とは別物です。リソスフェアは地殻と上部マントルを含んでいます。リソスフェアとアセノスフェアの境界の深さは海洋地域で約70㎞、古い大陸では約200～300㎞です。

マントルの深部に行けば、物質は変形しにくくなります（粘性率(ねんせい)が増加します）。下部マントルの平均的な粘性率はアセノスフェアの粘性率より3～5桁大きいと推定されています。

地球のエネルギー収支

地球や惑星ができたときには、微惑星のもっていた大きな重力エネルギーが解放されたので、初期の地球は熱い状態でした。また、^{26}Al（アルミニウムの同位体）という寿命の短い（半減期が72万年）放射性元素による加熱も、惑星形成の初期には大きな効果をもちました。これらの熱源のため初期の地球や惑星では、かなりの量の岩石が融解していた可能性があります。また、地球くらいの比較的大きな惑星では、形成の最終期に衝突加熱が盛んに起きたはずで、表面はマグマで覆われていた可能性があります（マグマ・オーシャン〔第４章〕）。

衝突してくる物体がなくなると、衝突による加熱は止まります。熱源を失ったマグマ・オーシャンは、数百万年も、数百万年もするとほとんどなくなります。また、寿命の短い放射性元素も、数百万年も経てば固まります。地球形成から数百万年経つと、地球のエネルギー収支は変わってきます。

地球形成から数百万年後以降の長い地質学的時間では、半減期が約10億〜１００億年程度のカリウム、ウラン、トリウムなどの寿命の長い放射性元素が主な熱（エネルギー）源となります。現在の地球の主なエネルギー源はこれらの放射性元素です。一方、地球はその熱エネルギーを宇宙に放出しています。現在の地球のエネルギー収支は放射性元素による発熱率と地表からのエネルギーの放出率の比で決まっています。この比をユーリー比と呼びます。この名称は、宇宙地球化学の創始者、ユーリー（**コラム３**）にちなんでいます。

ユーリー比は、地球が現在冷えつつあるのか、温まっているのかを判定するのに重要な量です。ユーリー比が１より大きければ、内部での発熱のほうがエネルギーの放出より大きいことを意味するので、地球は温まっているはずです。逆にユーリー比が1より小さいとすれば、地球は冷えつつあるはずです。

ユーリー比を決める二つの量のうち、エネルギー放出率は地表での熱流量（ねつりゅうりょう）の測定から比較的精度よく推定できます。一方、放射性元素による発熱量の推定は簡単ではありません。表面付近の物質に含まれる放射性元素の量は比較的よくわかっているのですが、地球深部での量がよくわからないからです。しかしどの推定をとってみても、放射性元素による発熱率はエネルギーの放出率より小さく（ユーリー比は0・2〜0・8程度）、地球は全体としてはゆっくりと冷えていると結論できます。冷却の速さは10億年で50〜100℃程度です。

以上で説明したのは、地球全体（特に固体地球）のエネルギー収支です。大気への主なエネルギー源は太陽からの放射熱です。固体地球から大気に伝わるエネルギー（46テラ・ワット〔テラは10^{12}を意味します〕）は、大気が太陽から受け取るエネルギー（17万4000テラ・ワット）に比べて無視できるほど小さいので、大気のエネルギー収支（つまり気候）は固体地球のエネルギー収支には影響されません。大気の温度は、太陽から受け取るエネルギーと地球から宇宙に放出される放射エネルギーのバランスで決まっています。

けれども、固体地球のエネルギー収支は大気と無関係ではありません。大気のエネルギー収支で決まる地表の温度が、固体地球のエネルギー収支を決める要因になるからです。金星と地球の固体部分のダイナミクスが違う一因は、大気の温度の違いです（表面に水があるかないかも金星と地球の固体部分のダイナミクスの違いの要因です）。金星と地球の違いは重要なので、後でもっと詳しく説明します（第５章）。

マントル対流と物質の動き、水の循環

地球の冷却は、高温の深部から低温の表面へエネルギーが流れるために起こります。このエネルギーの流れは、温度差によって駆動される熱伝導でも起きますが、地球のような大きな物体では、熱伝導による冷却の効率はよくありません。熱伝導だけで地球全体を冷やすには、宇宙の年齢（１３８億年〔第２章〕、52ページ）よりはるかに長い１０００億年以上の時間が必要です。地球内部でのエネルギー輸送のほとんどは、マントル内の物質自身が動くこと（マントル対流）によってなされています（第５章）。

この動きは、表面に冷たくて重いものがあり、内部に熱くて軽いものがあるという重力不安定が原因です。重力不安定によって引き起こされた流体の循環を対流と呼びます。マントルで対流が起こりうるのは、高温のため岩石が流動しやすくなっているからです。

マントル対流が起きているとすれば、物質が上昇する場所と、下降する場所があるはずです。上昇する場所で物質が地表近くに来ると、岩石の一部が融けます。その理由は、マントル物質が

大きな規模で上昇するとき、温度はほとんど下がらない一方で圧力は下がるので、融点（融解の起こる温度）が下がるからです。

マントルの岩石の融解によってできたマグマが固結して地殻ができます。また、マグマが地表に噴出してできたのが火山です。地球上でもっとも大規模な火山活動は海洋底の中央海嶺で起こります。例えば、大西洋の真ん中にある大西洋中央海嶺がその代表的なものです。そこでは地中からマグマが上昇し、新しい海洋地殻ができています。

マントルには少しですが鉱物に不純物として捕獲された水（水素）があります（第3、6章）。マントル物質の上昇とともに、このような水を含む鉱物をもった岩石が浅いところまで運ばれます。水を含む岩石が浅いところまで運ばれると、その一部が融けマグマができます。このとき岩石に入っていた水のほとんどはマグマに入り、マグマの一部は地表に到達します。地表に到達したマグマが固結するときに、水は水蒸気や液体の水になって大気や海に供給されるのです。

また、日本海溝などのマントル対流の下降する場所では、地表付近にあった物質が地球内部に戻っていきます。これに伴って、堆積物や海洋地殻に含まれていた水は再び、地球内部に戻っていきます。

原始大気や原始海洋は地球が形成された直後（数百万年以内）にできました。また、その後の約40億年という長い時間をかけて、大気・海洋の量や組成が変化してきました。その原動力は、上述のマントル対流という地球内部のゆっくりした物質循環です。地球内部までを視野に入れた水の循環の様子や、それに伴う海水の量や組成の長期的な変化は、ごく最近その一端がわかり始めたばかりで、まだ不明なことがいっぱいあります。その詳細は第4、5、6章でより詳しく解説します。

〈**注1**〉鉱物に水が溶けると言いますが、多くの場合、水分子として溶けるのではなく、水分子が水素と酸素に分解し、この水素と酸素が鉱物に溶けます。詳しくは第3章で解説します。

コラム2

（写真：共同写真人物通信）

林忠四郎
（1920-2010）

林忠四郎は東京帝国大学（現・東京大学）で学位を取りました。のちにノーベル物理学賞を受賞した南部陽一郎と同期です。林の名前を不朽にしたのは、星の進化の初期には光度が非常に大きい段階があるという「林フェイズ」の理論的発見です（1961年）。

林は1960年代後期から、研究のテーマを惑星形成論へ変更しました。惑星の形成という非常に複雑な問題の研究を、素過程に戻って系統的に緻密な理論を展開する林の方法は印象的です。

水などの惑星の組成を理解するうえで鍵になる「スノーライン（雪線）」という概念は、林によって1981年に提案されました。この一連の研究で多くの弟子を育てたのも、大きな業績です。林学派の業績は世界的に評価され、惑星形成に関する彼らのモデルは京都大学で展開されたので「京都モデル」と呼ばれています。これらの多くの宇宙惑星物理学での業績によって、文化勲章、京都賞、ブルース・メダルなどを受賞しています。

（写真：Science Photo Library／アフロ）

ユーリー

（Harold Urey, 1893-1981）

ユーリーはアメリカの物理化学者。カリフォルニア大学バークレー校で『気体の熱容量とエントロピーへの回転エネルギーの効果』という理論的研究により、１９２３年に学位を取りました。その直後、ボーアのいたコペンハーゲンに留学し、当時そこで確立されつつあった量子力学を学びました。コペンハーゲンではハイゼンベルクやパウリなどの20代前半の駿才に出会い、自分は理論物理には不向きと悟ったそうです。

アメリカに帰国してから数年後に、研究の中心を実験に移しました。その中で、水素の同位体である重水素を発見し、１９３４年にノーベル化学賞を受賞しました（ちなみに、重水素は地球や惑星の水の起源を推定するのに使われています）。しかし彼は理論にも強く、同位体をもつ物質に統計力学を応用することで同位体温度計を開発し、古環境の研究を行いました。同位体温度計はその後、クレイトン、小沼直樹（おぬまなおき）などによって、古気候の研究だけでなく惑星科学にも応用されました。

第二次大戦中はウラン同位体分離法の開発などの軍事研究（マ

ンハッタン計画）に従事しましたが、戦後はシカゴ大学や、カリフォルニア大学のスクリップス海洋研究所などで、宇宙地球化学という研究分野を開拓しました。隕石の化学組成から太陽系形成論を展開し、また放電によって無機物質からアミノ酸を作ったミラー－ユーリーの実験（1953年）でも有名です。

彼は大変精力的な人で、晩年まで研究活動を続け、物理、化学の基礎に基づき幅広い地球惑星科学の進歩に貢献しました。雄大な構想をもち、それを理論と実験の両方にわたる卓越した手腕で実践した指導的科学者でした。彼の惑星に関する研究はイェール大学でのシリマン講演にもとづく『The Planets』（Yale University Press）にまとめられています。本書の主題である、惑星形成における水の挙動についての彼の考えの一部は、間違っていたことが後の研究で明らかになっています。とくに、彼の主張した月、地球などの低温起源説は、アポロ計画で採集された月岩石の研究の結果により否定されました。しかし、彼の開拓した分野が地球惑星科学に与えた影響は大きいものです。

また、フェルミなど1930～1940年代にヨーロッパからアメリカに亡命してきた学者を援助したことでも知られています。

惑星の水はどこから来たのか

地球には岩石と生物という非常に違った組成をもつものが存在します。宇宙創成時の元素合成から始めて、生命に必要な水素などの元素がどのように地球のような惑星に取り込まれたのかを考えます。

地球上には、生物と岩石という、非常に違った元素からできたものが存在します。ところで、そもそも地球にはなぜ多様な元素があるのでしょうか。この章では、まず、宇宙での元素の合成過程を解説します。生命や地球の材料であるたくさんの元素が、宇宙の創成期に起こったビッグバンや、星の内部の核融合反応で合成されたことを学びます。次に、惑星ができる仕組みの概略を解説し、惑星には特定の元素だけが取り込まれることを説明します。特に、生命にとって鍵になる水素が、どのようにして惑星に取り込まれるのかを考えます。

元素合成と化学反応のエネルギー

元素合成の説明の前に、その過程で必要となるエネルギーの大きさについて触れておきましょう。ビッグバンや星の内部で起こる元素合成と、惑星の進化における化学反応とでは、エネルギーの規模に大きな差があります。元素合成とは、簡単な原子核から複雑な原子核が作られる、原子核レベルの反応です。つまり、元素合成には原子核を構成する陽子や中性子の結合エネルギー程度のエネルギーが必要で、その大きさは1モルあたり数千億ジュールにもなります。このように大きなエネルギーは宇宙創成の初期か、星の内部でしか得られません。

原始惑星系で惑星が作られるときや、惑星が進化するときに起こる現象の素過程は、化学反応です。化学反応には、個々の原子の一番外側にある電子だけが関与していて、必要なエネルギーはせいぜい１モルあたり数万〜数十万ジュールです。化学反応のエネルギーは原子核エネルギーの１００万分の１くらいのため、化学反応が起きても原子核の構造はほとんど変わりません。惑星の形成や進化といった現象に関わるエネルギーは、星の内部での現象に関わるエネルギーに比べて非常に小さいのです。それは、天体現象の基本的な原動力が重力エネルギーであり、また、惑星の質量が星の質量に比べて圧倒的に小さいからです（たとえば、地球の質量は太陽の質量の約30万分の１にすぎません）。

2-1 宇宙での元素合成と太陽系の平均化学組成

ビッグバン——宇宙の起源のモデル

宇宙での元素合成から考えましょう。この宇宙になぜ多様な元素が存在するのかを知ることは、生命や惑星の起源を考える出発点です。20世紀半ばには、膨張宇宙についての観測や、原子核の理論に基づいて、なぜ現在見られるような元素分布がこの宇宙にあるのかがわかってきました。

ビッグバンという宇宙の起源のモデルを、皆さんも一度は聞いたことがあるでしょう。宇宙が、あるとき、無限に小さな状態から爆発的に大きくなり、今も膨張を続けているという膨張宇宙モデルです。このモデルの元になったのはアインシュタインの一般相対性理論です。アインシュタイン自身が膨張宇宙モデルに反対するなど、紆余曲折がありましたが、一般相対性理論によれば宇宙は膨張している可能性があるのです。

実際、以下に解説するように、膨張宇宙モデルを強く支持する観測事実があります。そして、このモデルは、宇宙でどのようにして元素ができたのかを理解する出発点になるのです。

ビッグバンを支持する観測(1)——遠ざかる銀河

まず、観測事実について述べましょう。一つは、アメリカのハッブルによって発見された、遠くにある銀河が我々から遠ざかっているという観測事実です。ハッブルはまず、我々の銀河からはるか遠くに多数の銀河があることを示しました。さらに、地球からいろいろな距離にある銀河から届く光に含まれる吸収線（詳しくは後述）の波長を比較することで、地球と銀河の距離に比例してその波長が長くなっていることに気がつきました（１９２９年）。

波長が長くなることがドップラー効果によるとすれば、この観測事実は、銀河が観測点（地球）から遠ざかっている結果として説明できます。彼の観測結果は、銀河が地球から遠ざかる速

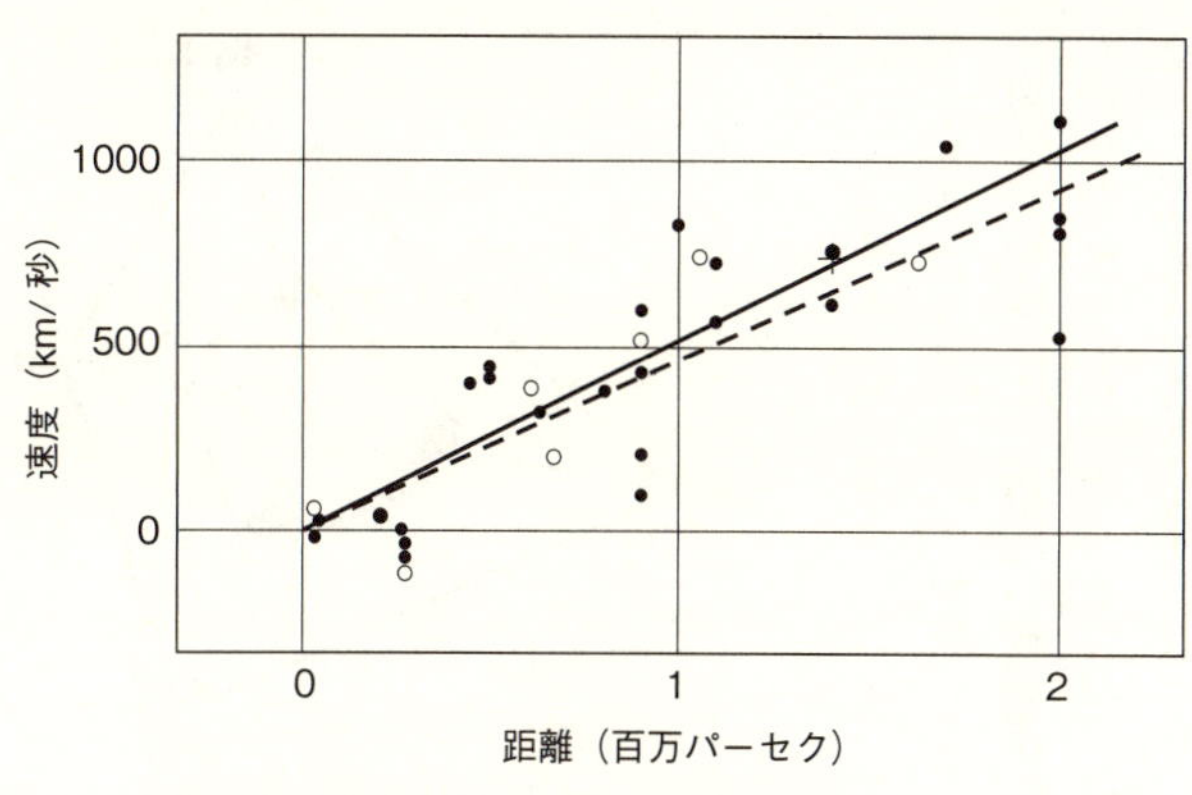

図2-1 銀河の後退速度と地球と銀河の距離の関係（Hubble, 1929）

度（後退速度）は、その銀河と地球の距離に比例することを示していました。この比例定数をハッブル定数と呼びます（ハッブル定数＝（銀河の後退速度）／（地球と銀河との距離））。ハッブルの原論文の図を**図2－1**に示しました。最近ではもっと綺麗（きれい）な関係が求められており、ハッブルの測定結果には大きな補正が必要なことがわかりましたが、原論文の結果を見るのは参考になるでしょう。

では、あらゆる銀河が、地球との距離に比例する速度で地球から遠ざかっているのはなぜでしょうか。この事実は、宇宙が一様に膨張していると考えれば説明できます。宇宙が膨張しているとすれば、すべての物体間の距離が一様な割合で増加します（**図2－2**）。ですから、他のすべての銀河が我々の銀河から遠ざかっていると言っても、何も我々の銀河が特別な位置にあるわけではありません。宇宙が一様に膨張している

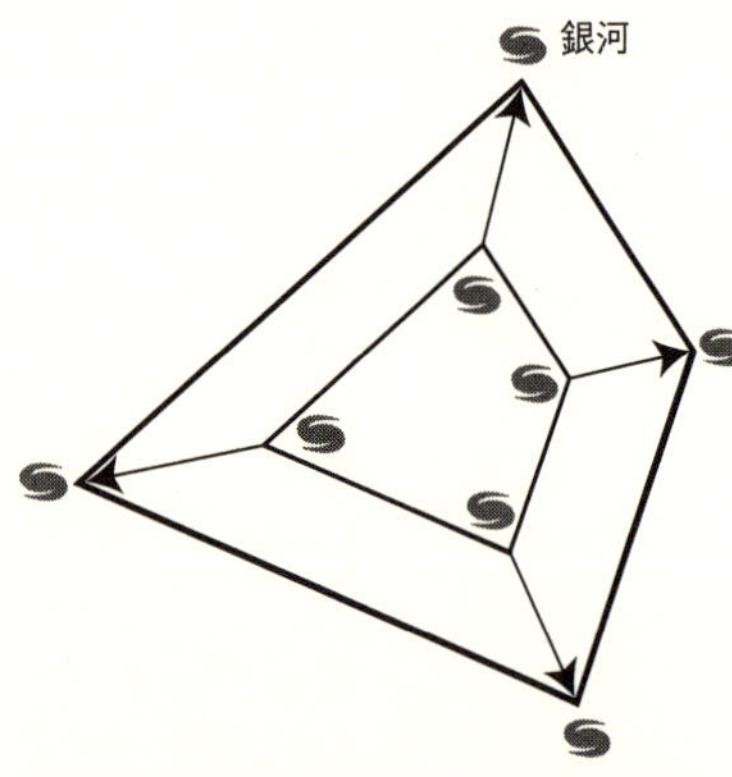

図2-2 膨張する宇宙での銀河間の距離
膨張宇宙では物体（銀河）間の距離は、銀河間の形が相似形を保ちながら増加する。したがって、どの銀河から見ても、銀河間の距離の変化率は銀河間の距離に比例する。

と、どこから見ても、他の物体（銀河）が自分から遠ざかっているように見えるのです。

簡単のために銀河の後退速度を一定と仮定すると、ハッブル定数の逆数が銀河間の距離がゼロであったとき（つまりビッグバンの起こったとき）から現在までの時間に対応することになります。この時間を「宇宙の年齢」と考えることができます。〈注1〉２０１３年に測定されたハッブル定数は67・８０±０・７７㎞／秒／百万パーセク（１パーセク＝３・０９×10^{13}㎞）なので、これを用いて計算すると宇宙の年齢は１３７・９８〈注2〉（±０・３７）億年になります。

興味深いことに、銀河の後退現象を発見したハッブルは、これを宇宙の膨張の証拠とは確信していなかったようです。〈注3〉その理由の一つは、観測誤差が大きかっただけでなく、計算した宇宙の年齢が若すぎたことです。彼自身の求めたハッブル定数は、現在広く受け入れられている値の約

7倍に相当する５００㎞／秒／百万パーセクでした。この値から宇宙の年齢を求めると、約20億年となります（**図２－１**の結果から自分で確かめてください）。一方、この当時、岩石試料に含まれる鉛の同位体（陽子の数が同じで中性子の数の違う元素）を使って地球の年齢が推定され始め、30億年程度と計算されていました（当時は測定の精度が低かったため、この見積もりも不正確でした。現在はより精密な測定から、ほぼ46億年という年齢が推定されています〔64ページ〕）。つまり、ハッブルの計算した宇宙の年齢が太陽系の年齢より若くなってしまう、という問題が生じたのです。しかし、後のより詳細な観測で彼の結果は大きく修正され、前記のようなもっともらしい宇宙の年齢が推定されています。

ビッグバンを支持する観測⑵――ビッグバンの名残：背景放射

ビッグバンを支持するもう一つの観測は、宇宙の背景放射の発見です。宇宙の星のない領域は真っ暗なようですが、真っ暗な領域にも少しの放射があります。これを背景放射と呼びます。放射のエネルギー（波長）分布は放射の温度に依存します（プランクの放射則）。もしビッグバンが歴史的事実なら、宇宙はかつて非常に高温だったはずで、その名残が現在の宇宙に残っているはずです。背景放射は、まさにその過去の高温な宇宙の名残だと考えられます。モデルごとにばらつきはあったものの、今観測される背景放射は温度に換算して数Ｋから数十Ｋ（Ｋは絶対温度の単位。０℃は２７３・１５K）とガモフなどによって推定されていました。

この背景放射を初めて観測したのはアメリカのペンジアスとウィルソンです。彼らの得た結果は、１９６５年に発表された『周波数４０８０メガサイクルでの過剰アンテナ温度の測定』という非常に控えめな表題の論文に記されています。

この題名からわかるように、微小な信号を測定するわけですから、雑音を除くのに彼らは大変な苦労をしました。アンテナに巣を作った鳩を追い出したり鳩の糞を掃除したりした他、測定器を液体ヘリウムで極低温（４K）に冷却するなどして雑音を減らし、背景放射の存在を確認したのです。彼らは空気による放射の吸収などの効果を補正して、背景放射が温度に換算して３・５±１・０Kであるという結果を得ました。

現在の最も正確な観測値は２・７２５５±０・０００６Kです。これと比べても、約50年前のペンジアスとウィルソンの測定値はよくあっています。彼らは測定に一つの周波数しか使いませんでしたが、その後、複数の周波数を用いたもっと詳しい測定がなされました。その結果、背景放射の強度が、プランクの放射則にしたがって周波数に依存することも確認されました。これは、ハッブルの研究とともにビッグバンモデルを支持する強い証拠です。このたった3ページ（約６３０語）の論文に記された成果に対して、ペンジアスとウィルソンは後にノーベル物理学賞を授与されています（１９７８年）。

ビッグバンと星の内部での元素の合成

ビッグバンが起こった直後の宇宙は非常に高エネルギーの状態で、全ては混沌(こんとん)としていて、まだ元素はできていませんでした。だんだんと冷えていくに従って、まず電子やニュートリノなどが、そして中性子、陽子、いろいろな元素（原子核）が生成され始めます。ビッグバンモデルを採用すると、どのように元素が生成されていくかを、素粒子や原子核の理論に基づいて計算することができます。こういう研究は、原子核の構造がだいたいわかってきた１９４０年から１９５０年代に、ガモフ、アルファー、ホイル、ベーテ、バービッジ夫妻、ファウラーなどによってなされました。

ビッグバンでは、まず中性子、陽子などが作られ、それらが互いに反応して元素ができていきます。すなわち、最初に陽子が中性子を捕獲し、質量数（陽子と中性子の数の和）が一つ増加し、次に、中性子がベータ崩壊して陽子ができ、原子番号（＝陽子の数）が一つ上がるというものです。したがって、元素は軽いものから順番に合成されることになります。この宇宙に水素やヘリウムが多いのはそのためです。

しかし、ビッグバンで合成されるのは軽い元素だけです。その理由は原子核の安定性に関わります。例えば、原子子の周期律表を見るとわかるように、質量数が５と８の安定な原子核はありま

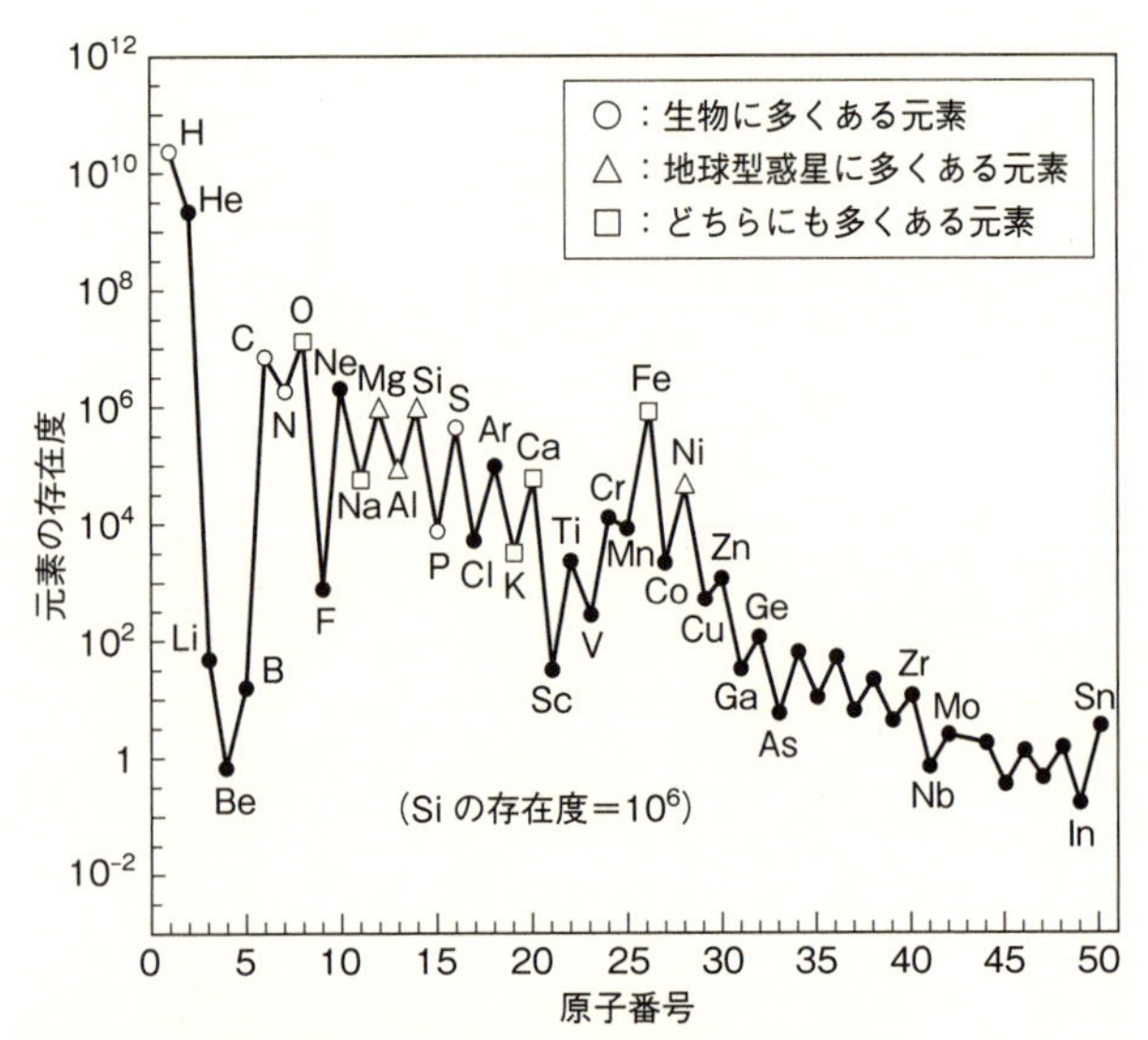

図2-3 太陽系の元素の存在度（Siの量を10^6とする）

生物や地球型惑星を構成する主要な元素は、いずれも太陽系に多量に存在する。ただし、多量に存在する元素のなかでも、反応性の低いヘリウム（He）、ネオン（Ne）、アルゴン（Ar）などの希ガスは、生物にも岩石にもあまり取り込まれていない。

せん。質量数4の元素^{4}Heの次に重いのは質量数6の^{6}Li、質量数7の元素^{7}Liの次は質量数9の^{9}Beです。ですから、一つずつ質量数を増加していくという上記のメカニズムでは、質量数が5以上の元素を作り得ないのです。このような理由で、リチウム（Li）、ベリリウム（Be）、ボロン（B）などの存在度は極端に低いのです。また、鉄より重い元素を作るのは困難です。その理由は、鉄はあらゆる元素のなかで原子核結合エネルギーが最大で非常に安定なので、その核に新たに中性子を加えることが難しいからです。また、鉄の原子核が安定であるために、鉄の原子核を壊すのも困難です。そのため鉄の存在度は高くなっています。

質量数が５以上の元素を作るには、より複雑な原子核反応を起こす必要があります。その一つは、三つのヘリウム原子核が融合して炭素ができるというものです（$3^4He \rightarrow {}^{12}C$）。この反応では三つのヘリウム原子核が同時に反応しなければならないので、前記のビッグバンにおける反応より困難です。同様に、鉄より重い元素を作るのにも、高いエネルギーが必要な核反応を起こさなければなりません。つまり、重い元素を作るには、非常に密度が高く、かつ高温という条件を満たす必要があるのです。宇宙においてこのような条件が満たされる場所といえば、星の内部や超新星爆発の現場などしか考えられません。

このような原子核の物理学を取り入れた計算結果から、リチウム、ベリリウム、ボロンなどの存在度が低いこと、鉄の存在度が高いことなど、太陽系の元素の存在度についての観測結果がうまく説明できます（**図２−３**）。あとで解説しますが、元素合成の理論が確立された頃には、ユーリーらにより太陽系の化学組成が推定され始めており、理論展開の助けになったようです。

太陽系にはなぜさまざまな元素があるのか

このモデルから私たちは、「宇宙の形成の初期には、軽い元素しかなかった。宇宙が成熟するにつれ、星が生まれては超新星爆発によって死滅し、その結果として重い元素が宇宙にばらまかれた。そのため、成熟した宇宙空間にはいろいろな元素が存在した」というイメージをもつことができます。太陽（太陽系）にいろいろな元素があるのは、太陽が比較的成熟した宇宙で生まれたためです（太陽の年齢は地球とほぼ同じで約46億年、宇宙の膨張率から測った宇宙の年齢は約138億年です）。

また**図2−3**から、太陽（太陽系）には、生命に必要な水素、炭素、窒素、酸素や、地球などの惑星の主成分であるマグネシウム、鉄、ケイ素、アルミニウム、カルシウムなども多量にあることがわかります。つまり、惑星やその上で発生した生命は、多量にある元素を原材料としてできたのです。

この宇宙にある元素の存在度を理論的に説明できるというのは素晴らしいことです。元素合成理論を作った一人であるファウラーは、1983年にノーベル物理学賞を授与されています。しかし、元素合成の理論の構築においてファウラーと同等の、あるいはより大きな貢献をしたホイル[注4]はノーベル物理学賞を授与されていません。彼が、宇宙の「はじまり」を認めない定常宇宙論という異端の説を主張していたからとも言われていますが、真相はわかりません。また、ビッグバンモデルに基づいた元素合成理論の創始者であるガモフは1968年に亡くなっていました。運、不運もあり、賞というものは必ずしも公平ではないようですね。

太陽系の平均化学組成の推定(1)——太陽外層の化学組成

図2-3に示した「太陽系の化学組成」は、二つの情報をもとに推定されました。一つは太陽の外層部分の化学組成、もう一つは始原的な隕石の化学組成です。まず、太陽の外層部分の化学組成について解説しましょう。

太陽の外層部分（太陽大気、光球）は激しく対流しているため化学組成が均質で、この化学組成が太陽の平均化学組成と見なされています。先に述べたとおり、太陽の深部では新しい元素が合成される核反応が起きているので、太陽ができた当初から化学組成が変化しています。一方、圧力が低い外層部分では原子核反応は起きません。そこで、外層部分がもともと太陽を作った物質の化学組成を反映していると考えるのです。

太陽の外層部分の化学組成は、太陽放射のスペクトルを解析することで推定できます。太陽放射のスペクトルには、欠けている波長領域がいくつもあり、これらを吸収線といいます。吸収線は、太陽の深部からくる放射が外層部分を通過するとき、そこにある元素に吸収された結果生じます。各元素には決まった波長の光を吸収する性質があるので、吸収線の波長と強さを調べることで、太陽の外層部分における元素の存在度を推定できるのです。ただし、この推定は大きな誤差を伴います。吸収線の強度を元素の量に換算するには、元素の性質に依存した換算係数が必要なのですが、この係数が正確に決まっているとは限らないからです。換算係数の不正確さが問題になった例としてよく知られているのが、太陽がもつ鉄の量の推定です。鉄に関する換算係数が1978年に改定され、その前後で太陽の鉄の量の推定値が大きく変わりました。

太陽系の平均化学組成の推定(2)——隕石と太陽系の化学組成

太陽系の平均化学組成を推定する別の方法を考えましょう。太陽自身を除いた太陽系の質量の大部分は惑星、特に木星などの巨大惑星にあります。したがって、巨大惑星の化学組成を推定できれば、太陽系の平均化学組成がわかるはずです。ところが、巨大惑星の化学組成の推定は簡単ではありません。太陽と同じように光のスペクトルから表層の組成を推定できますが、巨大惑星の内部には化学組成の異なる複数の層があり、内部の層の化学組成を推定するのは至難です。例えば、木星の中心部には地球型惑星と化学組成の似た核があることが理論的に推定されています。その大きさは、重力の測定からおおよそ推定できるのですが、組成の正確な推定は困難です。そもそも、地球のように比較的よく研究されている惑星にしても、深部の化学組成には不明な点が多いのです。

そこで、多くの科学者は、惑星の化学組成からではなく、隕石の化学組成から太陽系の化学組成を推定する方法をとりました。隕石は太陽系ができた当初の状態を記録しているので、その化学組成から太陽系の化学組成が推定できるかもしれないのです。最初に隕石の研究を太陽系の化学組成と関連づけて本格的に行ったのは、地球化学の生みの親とされるノルウェーのゴールドシュミットです（１９３８年）。戦後には、ユーリーやリングウッド（**コラム４**）が同じように隕石の重要さを強調しています。特にユーリーは、原始太陽系星雲からの凝縮によって隕石のような固体物質ができる様子を理論的に研究し、その後の宇宙地球化学に大きな貢献をしました。この研究については、２－２節で詳しく紹介します。

隕石は、時折宇宙から地球に落ちてくる、主に岩石や金属鉄からできた物質です。隕石の中には、落下の様子が目撃され、その軌道からどこから来たのかが推定されたものもあります。今では、たいていの隕石は小惑星帯から来ていることがわかっています（少数ですが、火星や月から来た隕石も見つかっています）。小惑星帯というのは、火星と木星の間にある、たくさんの小さな固体物質が帯状に分布している広大な領域です。この領域にある物体の質量は、最大でも月の１％くらいしかありません。たまたま地球に到達したこれらの物体のかけらが隕石だと考えられています。

実際、反射スペクトルから小惑星の化学組成を推定すると、隕石の化学組成との類似が見られ、どの小惑星がどのタイプの隕石に対応するのかも推定されています。そして、小惑星帯にある物質の化学組成は、その場所（太陽からの距離）によって違っていることもわかってきました。この点は惑星形成時の水の分布を考えるうえでも重要なので、のちほどくわしく解説します。

また、隕石の年代を測ってみると、たいてい地球のどの岩石よりも古く、そのことから、隕石の組成は太陽系形成時の条件をよく反映していると考えられます。しかし、隕石にはいろいろな化学組成や組織、年代をもつものがあり、いくつかのグループに分類されています。そこで、どのグループの隕石が太陽系の平均化学組成をもっているか、推定しなければなりません。

隕石には、主にケイ酸塩(えん)鉱物からなるコンドライトとエイコンドライト、それに主として金属鉄からなる鉄隕石があります。コンドライトはコンドリュールと呼ばれる直径1㎜程度の球状の物体を含む隕石です。エイコンドライトの組成はコンドライトに似ていますがコンドリュールを含んでいません。隕石の多く（約84％〔隕石や小惑星の統計ではほとんどの場合、物体の数を使っています〕）はコンドライトです。エイコンドライトと鉄隕石はそれぞれ、地球に落ちてくる隕石のほぼ8％ずつを占めます。コンドリュールはその内部に液体が急冷したときにできる針状の結晶を含みます。これはコンドリュールが何らかの原因で鉱物が融け、急冷してできたものだということを示しています（少数ですが、鉄が融けてできたコンドリュールも見つかっています）。

エイコンドライトは、コンドライトが熱せられた結果、構造や鉱物の組み合わせが変化したものと考えられています。コンドリュールは加熱によって別の鉱物に変化し、その形態も変わるため、エイコンドライトにはコンドリュール自体もその形跡も見られません。また、鉄隕石は隕石の母天体(ぼ)の核のかけらだと考えられています〈注5〉。エイコンドライトも鉄隕石も熱的な変成作用(化学反応)を経たものなので、太陽系の平均化学組成を推定するには適しません。そこでこの先は、コンドライトに注目しましょう。

コンドライトはさらに細かく分類されています。炭素質コンドライトと普通コンドライト、そして、ごくまれに見られる輝石コンドライトです〈注6〉。

太陽系の平均化学組成の推定(3)——炭素質コンドライト

コンドライトの中には、金属鉄、高温でできる鉱物、低温でできる鉱物などに加えて、有機物の混ざったものがあります。この有機物を含むコンドライトは多量の炭素をもつので、炭素質コンドライトと呼ばれています。炭素質コンドライトの有機物の中には、アミノ酸も含まれます。他のタイプの隕石には揮発性物質が少ししか含まれないのに対して、炭素質コンドライトは水素、炭素、窒素など多くの揮発性成分を含むので、惑星の揮発性成分の起源の候補の一つです。

炭素質コンドライトは比較的まれで、隕石全体の約4・6%にしかなりません。このタイプの隕石がまれにしか見つからない理由の一つとして、地球に突入したときに蒸発しやすく、また、地表に落ちた後も非常に風化されやすいことが挙げられます。もっとたくさん落ちてきているかもしれませんが、風化されてしまうと隕石としては認識されないのです。実際、小惑星帯の物質の半数以上は炭素質コンドライト的な化学組成をもっています。

炭素質コンドライトの中で最も有名なのはアイェンデ隕石です。これは、１９６９年2月にメキシコのアイェンデに落下した、2～3トンもある巨大な隕石です。その5ヵ月後に、アポロ計画で初めて人間が月に降り立ちました。全くの偶然ですが、ほぼ同時に起きたこの二つの出来事は、惑星研究の大きな原動力になりました。

炭素質コンドライトには、カルシウムとアルミニウムに富む包含物（ＣＡＩ〔Ca-Al-rich inclusion〕と呼ばれています）があります。すぐ後にくわしく説明しますが、カルシウムとアルミニウムを含む鉱物は、原始太陽系星雲が冷却するとき最初に凝縮したものです。その年代は鉛の同位体を使って45・６７２±０・００５億年と推定されています。この年代は、地球の物質も含めて太陽系物質としては最も古く、太陽系の年齢とみなされています。ですから、この１㎝くらいの白い包含物は太陽系の最も古い歴史を記録しているのです。

前で、ＣＡＩの年代を有効数字5桁で示したことからわかるように、いろいろな物質が形成された年代は、同位体を使って驚くべき精度で決められています。アイェンデ隕石はコンドリュールも含みますが、コンドリュールの年代は同じ隕石のＣＡＩの年代より１００万年（０・０１億

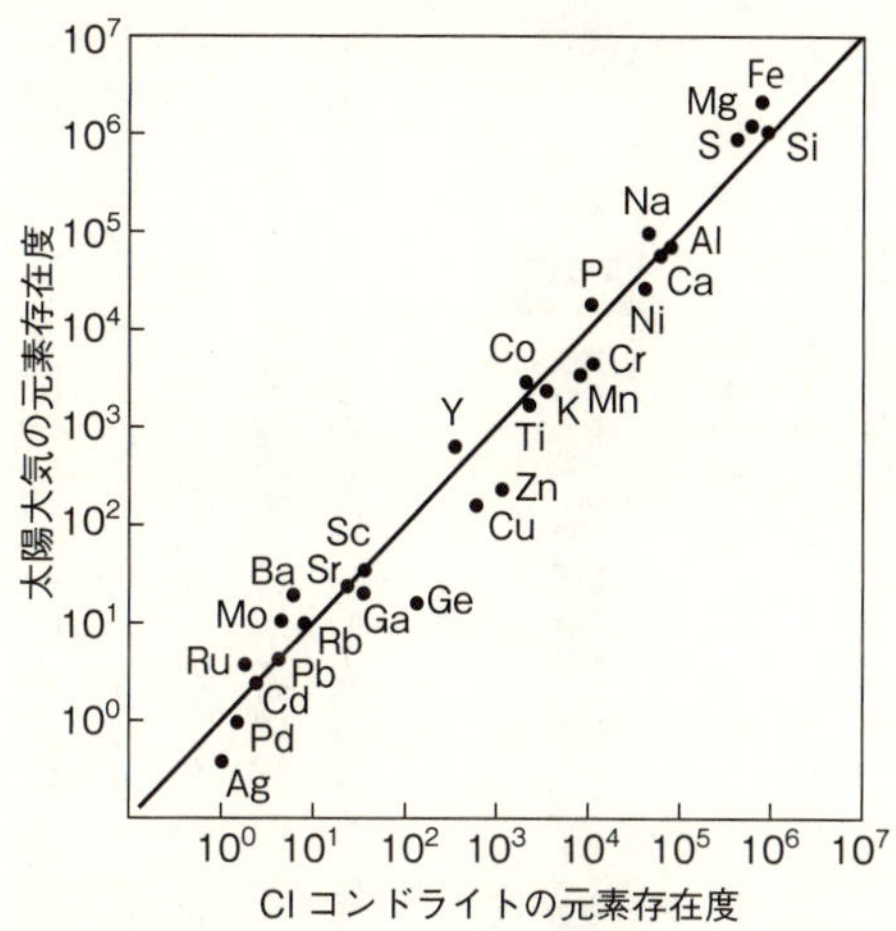

図2-4 CIコンドライト（始原的隕石）と太陽の組成の比較（小沼、1978年）

年）から３００万年（０・０３億年）くらい若いことがわかりました。つまり、炭素質コンドライトは、太陽系形成直後の別々の時期に、おそらく別々の場所でできた物質が混ざったものなのです。また、炭素質コンドライトと違ったタイプのコンドライトである、普通コンドライトの年代はＣＡＩの年代より数百万年若くなっています。

炭素質コンドライトにもいろいろなタイプのものがあります。中でも特に始原的なのは、ＣＩグループのコンドライトです（アイェンデ隕石は熱で化学組成や組織がすこし変化しているためＣＩグループには入らず、ＣＶグループのコンドライトと呼ばれています）。ＣＩグループの隕石はいろいろな物質の混合物ですが、物質間で化学反応があった証拠はほとんど見られません。ＣＩグループのコンドライトの化学組成を調べてみると、水素や窒素、炭素などの揮発性元素を除けば、その組成が太陽外層部の化学組成に非常によく似ていることがわかりました（**図2-4**）。そこで、CIグループの炭素質コンドライトの組成が、（極端な揮発性成分を除いた）太陽系の化学組成を表すものと考えられます。

そこで多くの地球惑星科学者は、いろいろな物質とCIグループの炭素質コンドライトの化学組成を比べ、地球や惑星の形成過程や進化の歴史をひも解く努力をしてきました。

2-2 原始太陽系内の元素の分布と惑星形成プロセス

太陽などの恒星の形成の副産物として惑星ができるとき、各元素はすべての惑星に均一に取り込まれたわけではありません。惑星のできた条件（場所）によって、取り込まれた元素の種類やそれらの量比（りょうひ）は異なります。惑星で生命が誕生するには、水素などの元素が必要ですが、それらが惑星に取り込まれるのはどのような場合でしょうか？　これは地球惑星科学の最も大切な問題の一つです。この問題を考えるには、惑星の形成についての物理的モデルをもち、惑星形成のときに現れるいろいろな物理的条件で物質がどう振る舞うかを理解しておく必要があります。この節では、惑星の形成過程についてのモデルを概観し、惑星の化学組成がどのようにして決まったのかを考えます。

隕石、小惑星や彗星の水

今まで、水などの揮発性物質以外の成分を中心に隕石の化学組成を考えてきました。次に、隕石と彗星(すいせい)の化学組成、特に水の量（濃度）についてまとめておきましょう。隕石や彗星は太陽系の違った場所で作られたもので、物体ごとに水の量（濃度）が異なります。したがって、本書が挑む「地球の水の起源」という問題におおいに関係します。

前述のとおり、隕石の多くは小惑星帯（太陽から２～５天文単位）から地球に飛来しました。ここにあるのは比較的小さな物体で、小惑星帯最大の天体、セレスでもおよそ10^{21}kg（月の１・３％）、小惑星帯全体の質量は約３×10^{21}kgで、月の質量の４％程度にしかなりません。〈注７〉

まず、小惑星がどんな化学組成をもっているのかを大雑把に見てみましょう。小惑星の化学組成は反射光のスペクトル解析から推定することができます。その化学組成に基づいてＣ－タイプ（炭素質、約75％）、Ｓ－タイプ（ケイ酸塩、約17％）、Ｍ－タイプ（金属、約８％）という三つのタイプに分類されています（この他にほんの少数ですが、Ｖ－タイプという玄武岩からできたものもあります）。これらはそれぞれ炭素質コンドライト、普通コンドライト、鉄隕石に対応しています。

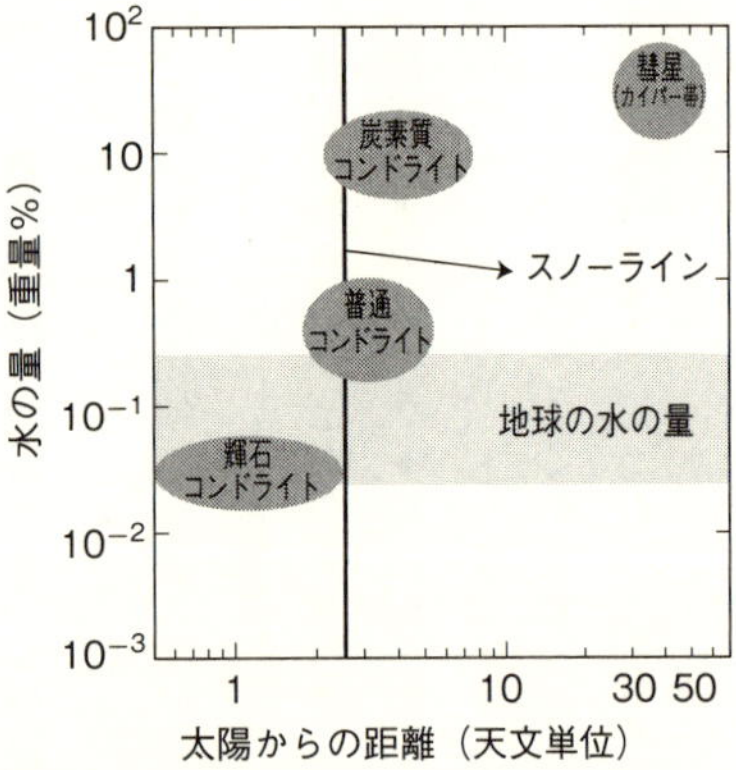

水の量（重量%）
10^2
10
1
10^{-1}
10^{-2}
10^{-3}
彗星（カイパー帯）
炭素質コンドライト
スノーライン
普通コンドライト
地球の水の量
輝石コンドライト
1
10
30 50
太陽からの距離（天文単位）

図2-5 隕石、彗星の水の量（地球の水の量との比較）

ただし、小惑星と隕石の関係はそれほど単純ではありません。例えば、前で述べた3種類の小惑星の比率と隕石の比率とは、うまく対応しないのです。隕石では圧倒的に普通コンドライトが多いのですが、小惑星では炭素質コンドライトに対応するC－タイプが多いのです。先に解説したように、この違いは、小惑星物質が地球に突入したときの保存の程度に依存する可能性があります。つまり、炭素質コンドライトは大量に地球に突入しても蒸発してなくなったり、落下した後ですぐに風化してしまうため隕石としては認識されず、実際より少なく見積もられているかもしれないのです。

いろいろな隕石や彗星の水の量はいろいろです。炭素質コンドライトにはおよそ10重量%の水があります。一方、炭素質コンドライト以外のコンドライトにはより少量の水しかありません。例えば輝石コンドライトという隕石に含まれる水の量は0・1重量%以下です（**図2－5**）。

タイプの異なる小惑星の分布は、太陽との距離と弱い相関をもっています。水を多くもつ炭素質コンドライト的な小惑星（C－タイプ）は太陽から遠いところに、それより水の少ない普通コンドライトに対応する小惑星（S－タイプ）は太陽により近いところに分布しています。水の最も少ない輝石コンドライトは、太陽に最も近いところから来たと考えられています。

彗星にはもっと多量の水があります（50重量％以上）。彗星の多くは、カイパー帯（30～50天文単位）やオールトの雲（５万～20万天文単位）と呼ばれる、小惑星帯より太陽から遠く離れた領域から来た物質です。このような隕石、小惑星、彗星の水の量に関する観測から、一般に、太陽から遠いところに分布する物質ほど多量の水をもつと結論できます。

化学組成による惑星の分類

２－１節（60ページ）で、惑星の化学組成は推定しにくいと説明しました。それでも、ごく大雑把な推定はでき、その結果から、各惑星が形成された過程についてのヒントが得られます。

惑星の化学組成を推定するのに使える情報として、惑星全体の密度があります。惑星の大きさは簡単にわかりますし、その質量は、その太陽からの距離と運動からある程度正確に見積もれます。そのようにして得られた太陽系の惑星（や衛星）の密度を調べてみると、密度が３～５ｇ／㎤程度である地球や火星、密度が１～２ｇ／㎤程度である天王星（１・３ｇ／㎤）やガニメデ（１・93ｇ／㎤）などの衛星、また密度が１程度の木星（１・33ｇ／㎤）と土星（０・69

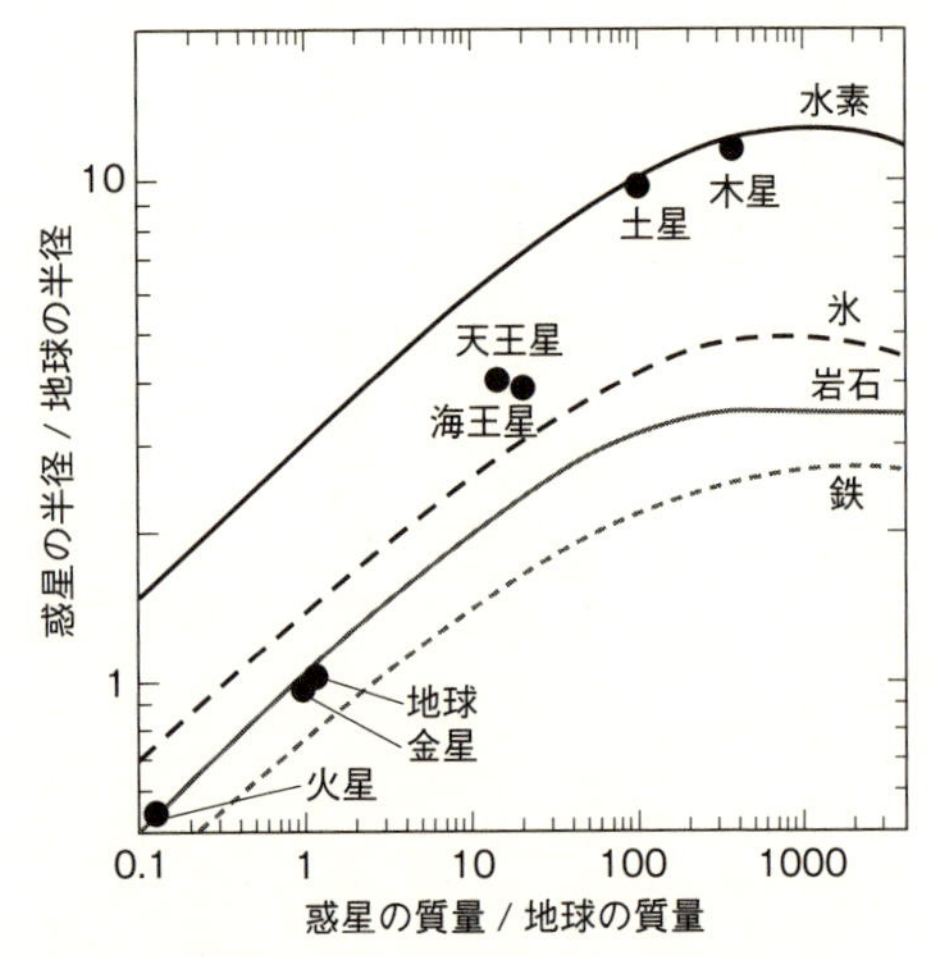

図2-6 惑星の大きさ（半径）と密度（Seager et al., 2007にもとづく）

各曲線は、いろいろな化学組成をもつ物質についての半径と質量の関係の理論値。天王星や海王星の半径と質量は氷からできた惑星のものに、土星や木星のデータは水素からできた惑星のものに、地球型惑星のデータは岩石でできた惑星のものに近い。

g／㎤）があることがわかります。密度だけを見ると、天王星と木星が同じくらいの値をもつので、この二つの惑星は同じ化学組成をもっていそうですが、そうではありません。

例えば、木星と天王星の場合、密度は近いですが、大きさはずいぶん違っています。大きな惑星の深部では、高い圧力のために物質の密度が変化します。この効果を補正しないと、惑星の（平均）密度は化学組成の推定には使えません。単純に密度だけから化学組成を推定することはできないのです。惑星の大きさの効果は、大部分が気体でできている惑星では特に重要です。

惑星の密度と大きさの関係を調べると圧縮の効果が補正でき、このようにして補正された密度を使うと、惑星の化学組成をもっと正確に推定できます。いろいろな惑星の密度と大きさの関係を**図2-6**にまとめました。この図を見ると、天王星と木星は平均密度が似ているものの、違った組成をもっている（天王星は主に水〔氷〕からできており、木星は主に水素からできている）ことが一目瞭然（いちもくりょうぜん）です〈注8〉。

このような分析から、太陽系の各惑星の構成物質（化学組成）は、その太陽からの距離と明確な関係をもつことがわかります。太陽に近いところにある地球などの惑星は、岩石と金属鉄（核）からできています。それより遠くにある木星や土星は、太陽と同じく主に水素とヘリウムからできており、さらに遠方の惑星は、主として氷でできています。このような化学組成の明確な違いを基準として、太陽系惑星を地球型惑星（火星、地球、金星など）、巨大惑星（木星、土星）、氷惑星（天王星、海王星など）と分類することがあります。巨大惑星や氷惑星には水素などの軽元素が多量にありますが、地球型惑星にはこのような元素は少量しかありません。この傾向は小惑星や彗星にも共通します。太陽系物質としては太陽から最も遠いところにある彗星は、多量の水を含んでいます。先に述べたように、小惑星の化学組成にも太陽からの距離とある程度の相関があり、太陽から遠いところほど水の多い小惑星が多く分布している傾向があります（**図2-5**）。

このような太陽系の物質（惑星、小惑星、彗星など）の化学組成と太陽からの距離には明らかな相関があり、それを理解するためには、太陽系がどのようにして形成されたのかを知る必要があります。

惑星形成のモデル

原始惑星系星雲からの惑星形成の最初のモデルはカントとラプラス〈注9〉が18世紀に提案しましたが、近代的な惑星形成モデルは、サフロノフや林忠四郎などによって、1960年代から1980年代にその基礎が作られました。特に林のモデルは、星の進化理論に基づいて非常に体系的に展開されています。

このモデルの要点は次の通りです〈注10〉。

(1)宇宙空間に物質（気体や塵）の密度がやや大きな領域があり、重力によって物質が集まり、中心に星ができた（**図1−1**）。

(2)星の周りには、少量の気体や塵が残った。これらの物質が少しの角運動量をもっている場合（つまりゆっくり回転している場合）、円盤状の原始惑星系星雲を形成した（角運動量が大きすぎる）場合は、惑星系ではなく連星（二つの連なった星）になる（**図1−1**）。したがって、原始惑星系星雲と星（恒星）はほぼ同じ組成をもっていた。

⑶原始惑星系星雲では、温度、圧力とも太陽に近いところほど高かった。原始太陽に比較的近い領域（約10天文単位以内）では高温（１０００～３０００Ｋ）の気体状態だった。

⑷星雲はその後冷えて、一部の成分が塵状の凝縮物（ぎょうしゅくぶつ）（主に固体）を作った。気体の中にある物質のうち化学結合が強いものが先に凝縮し、化学結合の弱いものが後に凝縮した。そのため、凝縮物はもともとの星雲の物質とは違う化学組成をもつことになった。具体的には、星（太陽）から遠いところでは主に氷が凝縮し、近いところでは鉱物が凝縮した（ここから後の概要は**図２－７**を参照）。

⑸凝縮物は原始惑星系星雲の赤道面に沈殿した。その際に、気体との相互作用により凝縮物の軌道は変化した。その変化の程度は凝縮物の大きさによる。

⑹赤道面に沈殿した凝縮物の密度がある値を超えると、重力のため多数の凝縮物が集まって、無数の小さな天体を作った（大きさは10㎞、質量は10^{15}kgくらい）。これを微惑星と呼ぶ。

⑺微惑星はたがいに衝突・合体して大きな物体を作っていった。

⑻この物体の質量が大きく（地球の質量の10倍くらい）なると、強い重力により周りの気体を捕まえはじめる。こうして木星のような巨大惑星ができる。

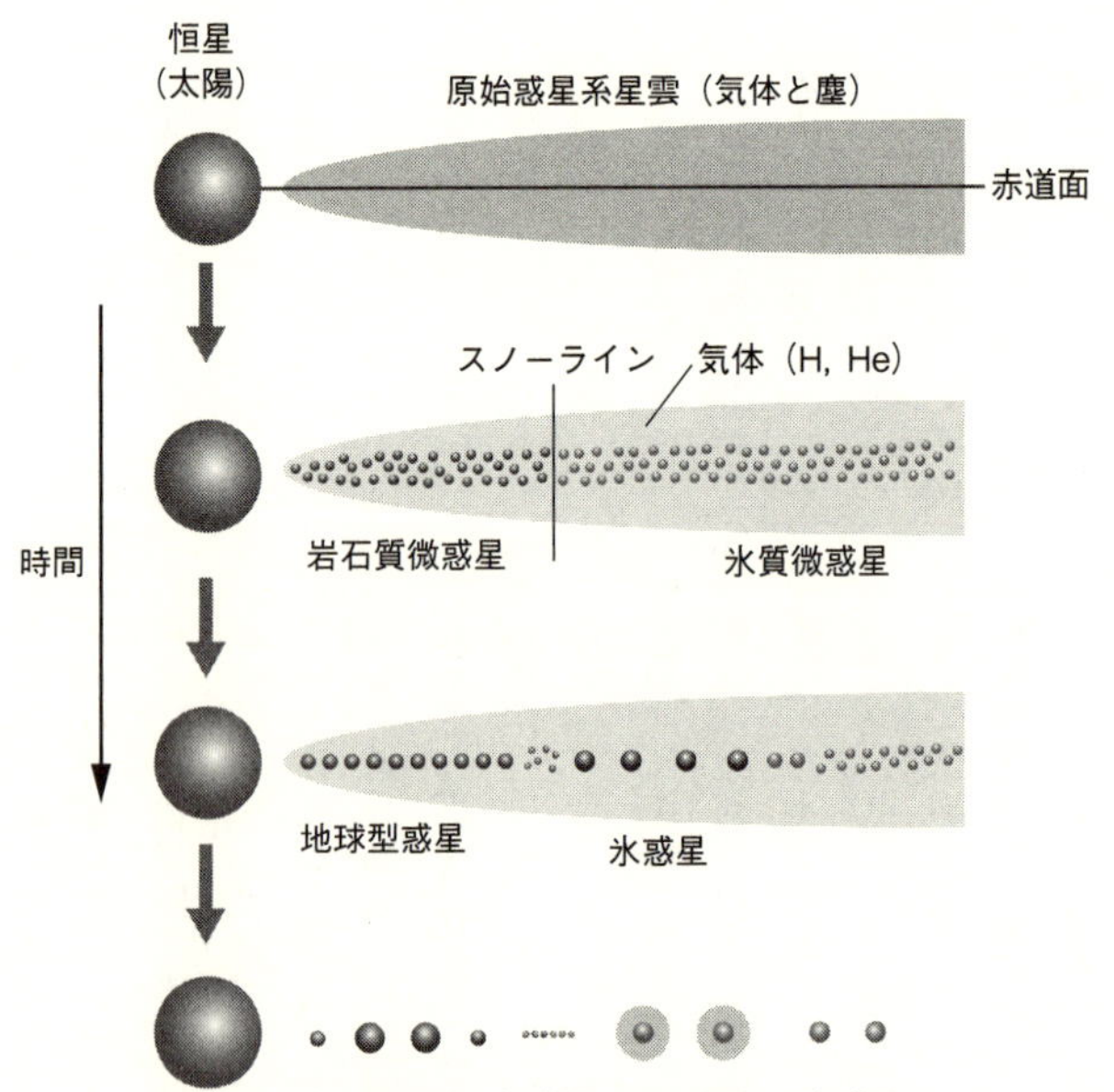

図2-7 惑星形成過程の模式図（Genda, 2016にもとづく）
星雲の冷却によってできた凝縮物から惑星ができる。その化学組成は主に恒星（太陽）からの距離によって決まっている。後期に起こると考えられている惑星の軌道の移動は示されていない。

(9)しかし、星の進化の初期には（太陽の場合は形成後約100万年）[注11]、強力な放射が発散される時期（林フェイズ、30ページ）があり、その放射の影響で、巨大惑星にある気体のように重力で強く捉えられたものを除き、原始惑星系星雲にあった気体のほとんどは吹き飛ばされる。

(10)その後も微惑星どうしの衝突は続き、ある程度大きくなった物体どうしが衝突すると、その軌道の形が乱れ、円形から大きくずれると、物体は恒星（太陽）からの距離がいろいろな場所を運動しながら成長することになる。軌道が円形から大きくずれしたがって、この段階で惑星は、恒星からの距離が異なるいろいろな領域の物体を集め、成長するようになる（太陽系の場合、太陽ができてから数百万年から数千万年後）。

⑾微惑星どうしの衝突の他に、原始惑星系星雲との相互作用により、巨大惑星の軌道が変化する可能性がある。巨大惑星の質量は大きいので、このような移動があれば周りの物体に大きな影響を及ぼす。したがって、形成途上の惑星や微惑星の軌道は大きく乱されたはずである〈注12〉（太陽ができてから1000万から数千万年後）。

⑿やがて、少数の大きくなった物体とその周りの小さな物体の集団ができる。この最終段階では、大きな物体は多数の小さな物体と衝突するので、軌道の変化は平均化され、物体の軌道はほぼ円形になる。こうして生き残った大きな物体が、現在我々が惑星と呼んでいるものである。太陽系の場合、惑星が完成され、現在の太陽系の構造がほぼ決まったのは、太陽ができてから数千万年から1億年くらい後である。

惑星の化学組成を決める要因

以上にまとめた惑星形成モデルの基本的枠組みに基づいて、惑星の化学組成、特に水の量を決める要因は何かを考えてみましょう。原始太陽系星雲の化学組成は太陽の化学組成とほぼ同じだったと考えられます。ですから、原始太陽系星雲の物質がそのまま惑星になれば、巨大惑星のように太陽とほぼ同じ化学組成をもった惑星ができるはずです。しかし、原始太陽系星雲の気体の平均的な密度は小さいため、気体だけが集まって惑星を形成するのは困難です。惑星ができるには、気体から固体（または液体）が凝縮し、それらが赤道面に沈殿して密度の高い状態を作るというプロセスを経なければなりません。

この一連のプロセスのなかで、惑星の化学組成を決定する働きをもつものとして、まず凝縮があげられます。気体から固体（または液体）ができるときに、気体の中の特定の成分だけが凝縮するので、凝縮物はもともとの気体とは違った化学組成をもちます。ですから、気体を構成するさまざまな成分がどのような順で凝縮するのかが、惑星の組成を決める重要な鍵になるのです。凝縮してできる物質の化学組成は、凝縮の起こる温度によります。一方、原始太陽系星雲内の温度は太陽からの距離によって変化します（太陽から離れるほど温度は下がります）。したがって、凝縮物の組成は太陽からの距離によっておおよそ決まっているのです。

凝縮後のプロセスの中にも、惑星の化学組成に重要な影響を与えるものがあります。凝縮物が赤道面に沈殿するときに、気体との相互作用によってその軌道が変化し、太陽からの距離が変化することがあります。この移動のあいだに、太陽からの距離が異なる領域でできた物質が混ざるのです。また、成長中の惑星の周りに気体がある場合、惑星が十分大きくなると重力によって気体を取り込みます。

最後に、Ｔ－タウリ星の段階になった太陽からの強い放射によって、星雲中の気体はほとんど吹き飛ばされてしまうでしょう。これがいわば、星雲の凝縮によって惑星物質の化学組成が決まるプロセスの最終幕とも呼ぶべき段階です。その後、気体のない環境で微惑星が衝突を続け、最終的に惑星が形成されるのです。

さまざまな温度でのさまざまな凝縮

以上のように、惑星形成過程のさまざまな段階で、惑星の化学組成が変化します。そのなかで最も重要なのは、気体から固体や液体への凝縮です。

凝縮とは、気体から固体や液体など（凝縮物）ができることです。よく知られている凝縮現象は、空気が冷えてできる霧です。暖かい空気中では水の分子は窒素分子や酸素分子と混ざって存在していますが、温度が低下すると水の分子は他の分子と混じりえなくなり空気中に液滴として浮遊するようになります。これが霧です。この例からわかるように、凝縮物（液体の水）は元の気体（空気）と化学組成が違います。空気の主成分は窒素と酸素ですが、空気が冷えたときに最初に凝縮するのは、少量だけ含まれている水（水蒸気）です。同じように、原始太陽系星雲が冷えて凝縮するときも、凝縮物と元の気体とは化学組成が違っていますし、温度が下がるに従って凝縮物の化学組成は変化します。

このような凝縮過程の理論は、ユーリーがその基礎を築きました（１９５２年）。また、現実的な組成をもつ原始太陽系星雲での凝縮の様子は、１９６０年代後半から１９７０年代前半にかけて、ラリマーやグロスマンらによって研究されました。特にグロスマンは詳しい研究を行い、いろいろな隕石の化学組成の説明に成功しました。カルシウムやアルミニウムを多く含んだ物質（ＣＡＩ）が、原始太陽系星雲が冷えていく過程で最初に凝縮する物質であることも、このような研究で明らかになったのです。その後、マグネシウムを含んだ鉱物ができ、より低温になると鉄を含んだ鉱物が凝縮します。含水鉱物や氷が凝縮するのは、さらにずっと低温になってからです。水が氷として原始太陽系星雲から凝縮する温度は、約１７０Ｋ（およそマイナス１００℃）と計算されています。

このような計算結果から、原始太陽系星雲が冷えてできる凝縮物は、太陽からの距離によって異なると予想されます。おおまかには、太陽に近くて温度の高いところでは凝縮温度の高い不揮発性の物質が凝縮し、水などの揮発性物質は太陽から遠くて温度の低いところで凝縮します。

三つのタイプの惑星のでき方――スノーライン

先に解説したように、惑星の形成では、原始太陽系星雲の気体が凝縮して固体ができ、固体粒子の密度がある程度大きくなることが重要です。原始太陽系星雲の化学組成は太陽とほぼ同じで、水素がその大部分を占めていますが、凝縮してできた固体の組成は元の気体とは違います。凝縮物の組成を決める主要因は、太陽からの距離です。そこで、太陽からの距離によって凝縮物、つまり惑星の化学組成が違ってくるのです。

太陽に比較的近いところは高温だったので、凝縮物のほとんどが鉱物や金属鉄でした。これらが地球型惑星の材料になりました。

太陽からある程度離れると温度が下がり、氷が凝縮するようになります。氷が凝縮する領域と凝縮しない領域の境界を、林忠四郎は「スノーライン（雪線）」と呼びました。太陽系では、その太陽からの距離はおよそ2・7天文単位で、小惑星帯の中のやや内側に位置します（**図2－7**）。水素と酸素は原始太陽系星雲にたくさんあったので、スノーラインより外側では氷を主成分とする多量の凝縮物ができました。この凝縮物には、鉱物や金属鉄も含まれていたでしょう。このような環境では、氷を主成分とする固体の惑星が急激に成長します。そして固体の惑星がある程度の大きさ（地球の質量の約10倍）になると、周りの気体を重力で引きつけ、取り込みます。こうして巨大惑星ができたと考えられています。

太陽からずっと離れた場所でも同じように氷を主とした惑星ができますが、物質の量が少ないので、周りの気体を取り込むほどの大きさにはなりません。結果として、比較的小さな氷惑星ができるのです。木星や土星の衛星も、同じように氷を主な成分としています。彗星もこのようにしてできたと考えられます。

このように、スノーラインという概念を基にしたモデルで、惑星の構成物質（化学組成）の大雑把な特徴をうまく説明できます。しかし、このモデルでは惑星の化学組成の詳細までは説明できません。代表的な例が地球型惑星の水の問題です。地球型惑星に水が存在しうる条件は、地球型惑星・巨大惑星・氷惑星の3種の惑星の形成条件よりずっとデリケートなのです。それは、私たちが考えている地球型惑星の水の量は、あるといってもごくわずかだからです。例えば地球の海水の量は、地球全体の質量の0・023％にすぎません。ですから、地球型惑星の水がどこから来たかについての説明は、モデルのちょっとした違いによって変わる可能性があるのです。

例えばスノーラインの概念を全面的に信用すると、地球型惑星はスノーラインの内側であるため水が全くなく、これらの惑星が水を少量でも獲得するにはスノーラインの外側からの供給に頼ることになります。これは多くの科学者が採用している考えです。しかし、スノーラインの概念は大雑把なものですから、実際にはスノーラインの内側にも少しだが水があり、地球型惑星はそのような水を取り入れたのだという考えも捨てきれません。次の節では、地球型惑星の水がどこから来たのかをもっと詳しく考えましょう。

2-3 地球型惑星の水はどこから来たか？

地球型惑星の水のような、ほんの少量しか含まれない物質の起源を明らかにする難しさは、次の点にあります。スノーラインという概念をそのまま採用し、惑星が現在の軌道付近の物質だけを集めてできたと考えると、スノーラインより太陽に近い場所にある地球型惑星を構成するのは岩石と金属鉄だけで、水は少しもないことになってしまうのです。これは、地球に（少しとはいえ）水があるという事実と矛盾します。そこで、この矛盾を解決するためにいろいろな考えが提案されています。

これらの考えは大きく二つに分類することができるでしょう。第一の考えでは、まずスノーラインという概念が厳密に正しいとし、スノーラインより内側でできた微惑星には水が全く含まれなかったと仮定します。この場合、スノーラインより内側でできた地球型惑星が少しでも水を取り込むためには、形成途中の惑星の軌道が円形からずれスノーラインの外側の物質をも取り込んだか、スノーラインの外側の物質が後からつけ加わったはずです。前に説明した通り、惑星形成のいろいろな段階でその軌道が擾乱（じょうらん）された可能性があります。ですから、スノーラインの内側にある惑星も、スノーラインの外側にあった水に富む物質を取り込んだかもしれません。

　第二の考えは、スノーラインという概念が近似的なもので、スノーラインより内側の物質にも少しだけ水があり、それが地球型惑星の水の主成分になったというものです。もちろん、これらのモデルのどちらもある程度の役割を果たした可能性もありますが、まずはそれぞれの考え方の妥当性を別々に検討してみましょう。

後期ベニア説

　太陽系にある物体は基本的に、円に近い形の軌道で太陽の周りを運動しています。この場合、物体と太陽との距離はいつも一定です。しかし、惑星形成の後期には少数の比較的大きな物体が衝突するようになるので、軌道が大きく円形からずれたかもしれません。また、この頃、木星の軌道も星雲に残っている気体との相互作用でずれた可能性があります。そうすると、できつつある他の惑星や小天体の軌道が、移動する木星によって大きく擾乱されたはずです。このように、太陽系の形成の後期にはいろいろな物体の軌道が大きく変化した、というモデルが提案されています。

　このモデルが正しいとすると、現在スノーラインより太陽に近いところにある惑星にも、その形成の後期には、スノーラインより遠いところにある水を多く含んだ物質が付加された可能性がありまず。軌道に大きなズレが生じうるのは惑星形成の後期です。このようなモデルでは、地球にある揮発性物質などの存在を、地球形成の後期に薄皮のように付け加わった物質で説明しようとするので、「後期ベニア説」と呼ばれています（ベニアというのはベニア板でご存知のように薄い板のことです）。

スノーラインより外側の物質には、確かに大量の水があります（**図２－５**）。代表的なのは彗星で、質量の50％以上が水（氷）で占められています。さらに、木星より遠くにある惑星（衛星）は、主として氷（水）からできています。他にも、炭素質コンドライトには水などの揮発性物質が大量に含まれます（水は10％程度）。このような水を多く含んだ遠方の物質が、地球の水の起源になったのかもしれません。

後期ベニア説の検討(1)――スノーラインより外側の物質は地球の物質と似ているか？

後期ベニア説から予測される帰結を観測と比較してみましょう。地球の水の起源がどの物質なのかを推定するのに、元素の同位体比の観測が役に立ちます。同位体比は元素合成の過程や、その後の物理化学的過程（たとえば蒸発）で決められます。同じ環境やプロセスを経てできた物質の同位体比は同じような値をもつので、同位体比は物質の起源を推定するのに便利なのです。**図２－８**に、いろいろな惑星や太陽系物質の水素と窒素の同位体比の値をまとめました。スノ

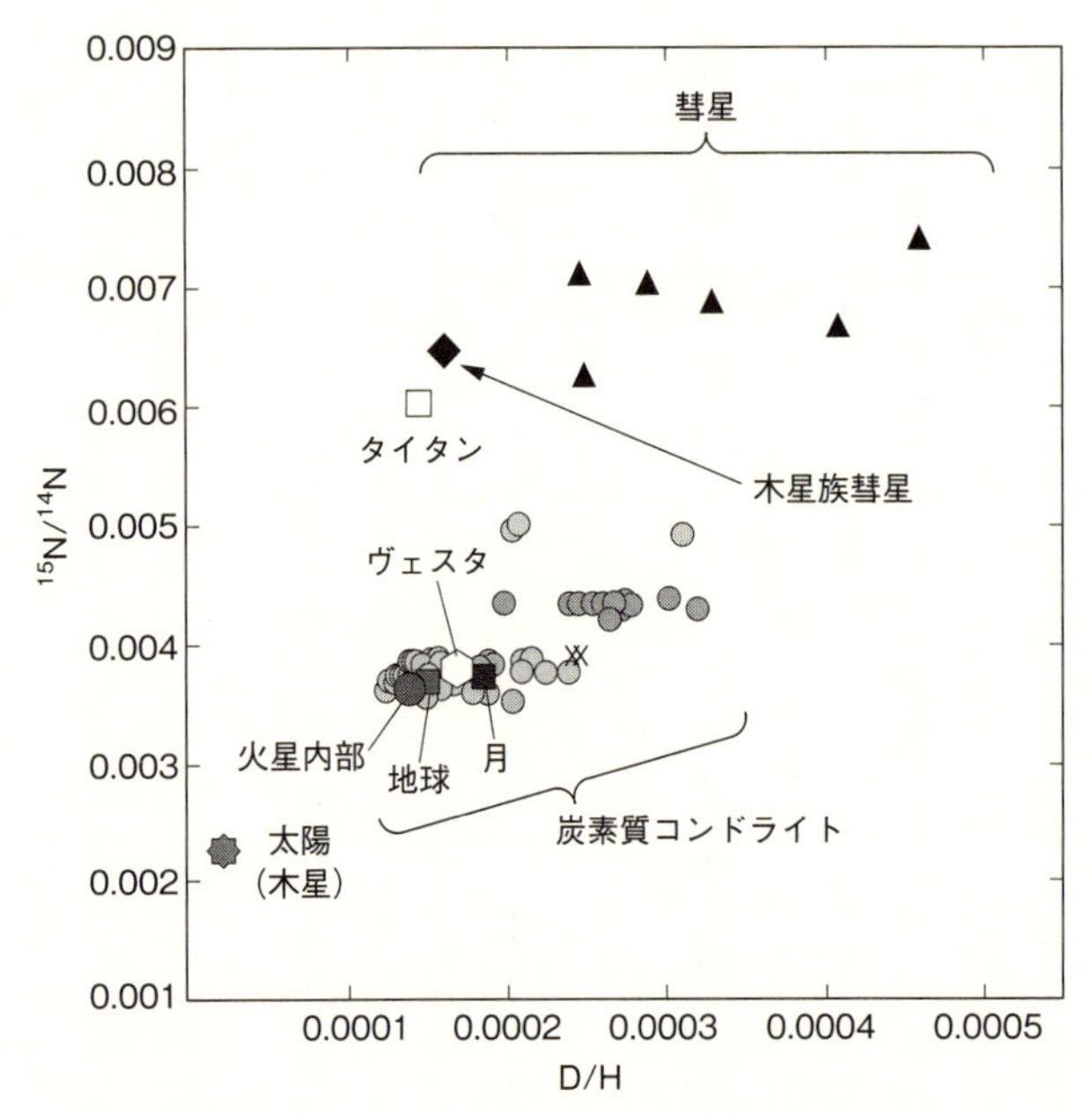

図2-8 太陽系のいろいろな物質の水素と窒素の同位体比（Saal et al., 2013にもとづく）

ーラインより外側にある物質で最も水に富むのは彗星ですが、彗星の同位体比とスノーラインの内側にある地球や月、火星（内部）の物質の同位体比は大きく違っています。また、土星の衛星であるタイタン[注13]や木星族彗星の水素同位体比は地球に似ていますが窒素同位体比は地球のものと大きく違っています。この図を見ると、彗星や土星の衛星（タイタン）など太陽より遠方の物質の同位体比は地球のものと大きく違う傾向が見えます。そこで、これらの物質は地球の水の起源物質とは考えられません。

一方、炭素質コンドライトの中には揮発性元素の同位体比が地球、月、火星（内部）に近いものがあります。したがって、これらの地球型惑星の揮発性物質が炭素質コンドライトのような物質から来た可能性は残ります。しかし、地球の水の起源を炭素質コンドライトとするモデルには、いくつか問題があります。

最初の問題は揮発性元素の量比です。炭素質コンドライトには、水（水素）の他にも炭素や窒素など多くの揮発性元素が含まれています。揮発性物質の中でも炭素や窒素のように原子量（分子量）の大きなものは、惑星形成時にほとんど逃げません。そこで、地球の揮発性物質が炭素質コンドライトに起源をもつのであれば、窒素と炭素の量比は地球と炭素質コンドライトでほぼ一致すべきです。ところが実際には、地球にある窒素と炭素の量比は炭素質コンドライトの100分の1くらいなのです。この違いは、窒素が金属鉄（核）の中に入ったためだと考える科学者もいますが、鉄隕石にはほとんど窒素が入っておらず、この可能性は少ないと私は思います。

後期ベニア説の検討(2)——揮発性元素の獲得の時期

後期ベニア説のもう一つの問題は、地球が水を獲得した時期です。炭素質コンドライトは小惑星帯の中でも外のほう、すなわちスノーラインより外側にあります。その辺りの物質ができつつある地球に付加されたとすれば、それは地球形成の後期であったはずです。なぜなら、原始地球や小天体の軌道が大きく円形からずれ、スノーラインより外側の物質が地球軌道にある惑星に付加しうるようになるのが、地球形成後期だからです。これが観測と矛盾しないかどうかを、次に検討してみましょう。

惑星形成の数値実験の結果や年代測定などに基づいて、フランスのアルバレーデは、地球がスノーラインより外側の物質を取り込んだ時期は太陽系形成から約1億年後（前に解説した惑星形成モデルでの段階⑿に相当）と考えています（2009年）。この予想を検討してみると、あまり都合のよくない事実が存在することに気づきます。その一つは、揮発性が高く、かつ鉄に溶け込みやすい微量元素（親鉄元素と呼ばれる）についての観測です。

惑星に含まれる水（水素）などの元素の濃度は「揮発性」で決まっていますが、その他にも鉄との反応で大きく変化します。核が形成されるとき鉄がマントルから分離され、そのとき、マントルにあった親鉄元素のほとんどが鉄とともに核に入るのです。地球の核の形成は、太陽系の形成から3000万から5000万年後に起こったと推定されています。もしアルバレーデの考えが正しいとすれば、水などの揮発性元素が地球に付加された時期（太陽系形成から約1億年後）は核の形成後です。したがって、揮発性元素は鉄とともに核に入ることはなかったはずです。ところが、現在のマントル物質を見ると、親鉄性の強い揮発性元素は親鉄性の弱い揮発性元素に比べて、はるかにその量が少ないのです。これらのことから、鉄がマントルから分離し核ができたときには、すでに地球には大部分の揮発性元素があったと考えられます。

また、第6章でくわしく説明しますが、月にも地球と変わらないくらいの水があることが最近わかってきました。これは、すでに水をもっていた成長中の地球から月ができたと考えれば説明できます。また、太陽系形成の初期にできた主としてケイ酸塩鉱物からなる小惑星にもかなりの水が含まれていることがわかりました。以上の観測事実からも、地球はその形成の中期にはもう、現在保持している水の大部分を取り込んでいた可能性が強いと考えられます。

スノーラインより内側の物質にも水がある？

惑星形成の中期までは、惑星の軌道は現在の軌道とあまり違わなかったはずです。したがって、地球が形成中期にはすでに水を取り込んでいたという結論が正しいとすれば、スノーラインより内側の物質にも水があった可能性が出てきます。そこで、スノーラインより太陽に近い場所の物質に水が含まれるとしたらどのような場合かを考えてみましょう。

図2-5をもう一度見てください。この図には、いろいろな隕石や彗星に含まれる揮発性物質の量が示してあります。スノーラインより内側で作られたと思われる輝石コンドライトも含め、隕石の多くは0・02％以上の水をもつと報告されています〈注14〉。海水は地球の質量の0・023％

ですから、ほとんどの隕石には海を作るのに十分な水があるらしいのです。しかし、これにははっきりとした説明はありません。

一つの可能性は、原始太陽系星雲で固体が凝縮して赤道面に沈殿していくとき、固体は必ずしも鉛直方向に移動するのではなく、その軌道の太陽からの距離を変化させながら赤道面へといった、というものです。このようなことが起きたとすれば、いろいろな場所でできた固体が混ざった可能性があります。実際、炭素質コンドライトには化学組成も年代も異なる複数の物質が混ざっているので、これらの物質の混合が起こったことは確かです。そして、炭素質コンドライト中の物質ごと（ＣＡＩ、コンドリュールなど）の年代のズレは２００万年から３００万年ですから、この混合が起きたのは太陽系ができてすぐのはずです。

もう一つのモデルは、スノーラインの内側でも、凝縮により固体ができたときには少しの気体があり、その気体が固体の表面に吸着した、というものです。ドレイクらがこの考えを提案しています。しかし、このモデルで０・１％以上の水を説明するには、固体の表面がとても複雑な形をしており表面積が大きかったという仮定が必要です。

別のモデルとして、次のようなものがあります。すなわち、原始太陽からの激しい放射の影響で、原始太陽系星雲の中の塵の一部がアモルファス物質となっており、それらに水（水素）が取り込まれたというものです。実際、天文学的観測によって、星雲中の塵の多くがアモルファス物質になっていることが確認されています。また、隕石に含まれるアモルファス物質の多くに、蛇紋石(じゃもんせき)などの含水鉱物が見つかっています。

アモルファス物質とは、通常の固体と異なり、原子がでたらめに並んだ物質です。ガラスがその例です。アモルファス物質はメルトと同様に、多量の水（水素）を溶かします。アモルファス物質には他の揮発性元素も溶け込みますが、その溶け込み方は元素の性質によって違ってきます。まだ詳しい研究はなされていませんが、メルトへの揮発性元素の溶解度から類推するとアモルファス物質への窒素の溶解度は水素の溶解度に比べてかなり小さいと予測されます。地球にある窒素と水素や炭素の量の違いはこれらの元素のアモルファス物質への溶解度が違うことによっているかもしれません。今までの原始太陽系星雲からの物質の凝縮モデルでは、アモルファス物質の存在や影響は考慮されていませんでした。今後、研究してみる価値があるでしょう。

固体の凝縮と液体の凝縮

先に空気中の霧を例に、凝縮には液体ができる場合と固体ができる場合があると述べました。しかし、惑星科学のほとんどでは固体への凝縮だけを考えてきました。液体への凝縮を考慮する必要はないのでしょうか。固体ができるか液体ができるかで、凝縮物質の組成は大きく違います。例えば水の溶解度は固体と液体（メルト）で大きく違っています（第4章）。ですから、ど

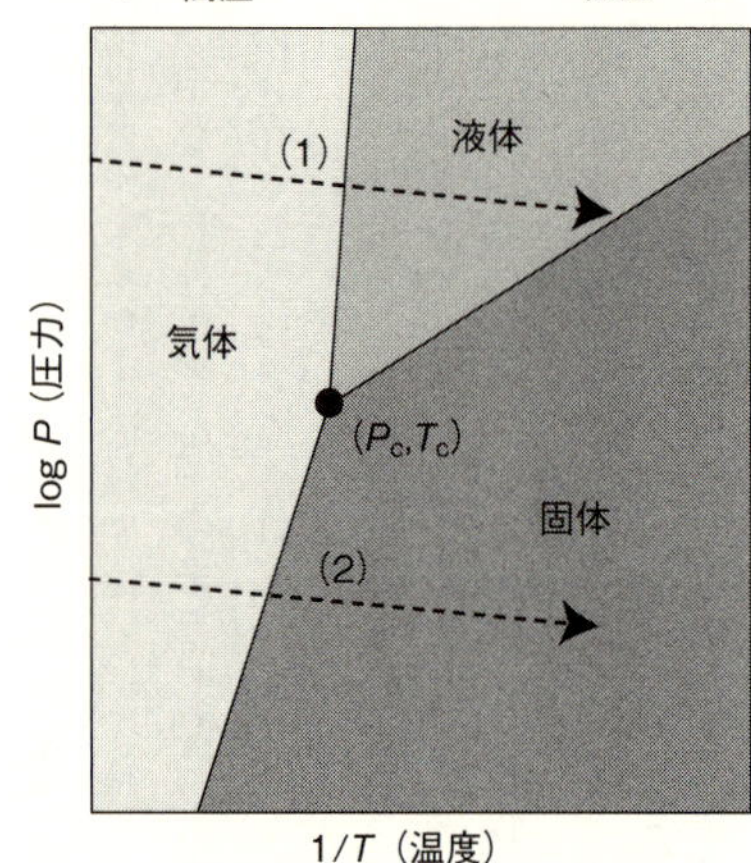

図2-9 物質の相図と凝縮（模式図、Karato, 2015）

高温の気体が冷却されると凝縮物ができる。
高圧の場合（$P>P_c$）、凝縮物は液体である(1)。
低圧（高真空）の場合（$P<P_c$）、凝縮物は固体である(2)。

のような場合に固体が凝縮し、どのような場合に液体が凝縮するのかを知っておく必要があります。

物質の相図を使うと、凝縮の様子を理解するのに役立ちます。物質には気相、液相、固相という三つの相がありますが、どのような条件でどの相が存在するかを示したのが相図です。[注15] **図2-9**にその例を模式的に示しました。この図では、各相が安定に存在する条件を温度と圧力の関数として示しています。高温、低圧では気体が安定、低温、高圧では固体が安定、その中間の条件で液体が安定です。また、温度と圧力がある条件を満たすと、気体、液体、固体が共存します。この点を三重点と呼びます（図の（P_c,T_c））。典型的な惑星物質の場合、P_c＝0・1〜1気圧、T_c＝1600〜1800℃）。この図では、温度は2000℃から0℃くらいの範囲を考えていますが、圧力は数桁にわたるもっと広い範囲を考えています。

この図を使って、高温の気体の状態から出発して、温度を下げていったときにできる凝縮物を考えましょう。圧力が低い条件で温度を下げると、気体からいきなり固体ができます（図の⑵）。しかし、圧力が高い条件で温度を下げると、まず最初に液体ができ、固体を作るにはさらに温度を下げる必要があります（図の⑴）。温度が下がる場合、圧力も下がるのですが、温度が２００℃から０℃まで下がっても圧力はせいぜい数分の１にしかなりません。圧力が数分の１くらい変化しても、どの相が安定になるかはあまり影響を受けません。ですから、星雲が冷却されるときは、ほぼ圧力一定で温度が下がると考えてもよいのです。この図から理解できるように、温度が下がり、凝縮物ができるとき、それが固体なのか液体なのかは、圧力がP_cより高いか否かによっています。

惑星ができるいろいろな環境でどのような圧力条件がありえるのかを考えてみましょう。圧力は主としてその場所の密度と対応します。密度は、太陽系で惑星が形成される場合は小さな値になり、そのため圧力も低くなります（地球の軌道あたりで、10^{-4}気圧くらい）。ところが、月ができる場合は、地球の重力の影響でかなりの質量が狭い空間におさめられているため、密度が大きく、圧力はずっと高く１～10気圧程度になります（第６章）。コンドリュールの形成も比較的高い圧力での凝縮によると思われます。

したがって、地球と月の形成条件における凝縮はそれぞれ、**図2-9**の(1)と(2)に対応すると考えてよさそうです。すると、地球の重力の影響を受ける月の形成では気体から液体が凝縮し、地球などの惑星の形成では気体から固体が凝縮する、という違いがみえてきます。これは、惑星（や衛星）が形成されるとき、どのように水が取り込まれるのかを考えるうえで重要な点です。液体と固体では、溶け込む水の量が大きく違うからです。

地球型惑星の水の起源——まとめ

地球のような惑星には、少量ですが水があります。しかし、地球型惑星はスノーラインより太陽に近い場所でできたので、どこから水が来たのかは自明ではありません。地球型惑星の水の起源についての議論を、簡単にまとめておきましょう。

一つの考えは、地球型惑星がその形成の後期に、スノーラインより外側でできた水に富む物質を取り込んだ、というものです。この時期、惑星や他の小天体の軌道が大きく移動した可能性があるので、ありえないモデルではないでしょう。ほとんどの科学者はこの考えを支持しています。しかしこの考えは、核や月の形成年代の推定結果や小惑星の水についての観測事実と必ずしも調和的ではありません。

他の考えとしては、スノーラインより太陽に近い領域の物質にも多少の水が含まれており、それが地球型惑星の水の起源になった可能性があります。水を含んでいた物質の候補として、コンドリュールや太陽からの放射でできたアモルファス物質が考えられます。もしかすると、地球型惑星の水（生命の元になった水）の起源は、アモルファス物質という、今までほとんど無視されてきた些細(ささい)な物質かもしれません。このあたりの問題はまだほとんど研究されていません。今後の研究がとても楽しみな問題の一つです。

〈注1〉宇宙が一定の速度で膨張しているという仮定は必ずしも正しくはありません。最近、宇宙の膨張は一定ではなく現在も加速していることを示唆する観測結果が示されただけでなく、宇宙のごく初期には急速な膨張があったとするインフレーションモデルも提案されています。また、より正確には、宇宙の年齢（t）はハッブル定数の逆数（$t=1/H$）ではなく、膨張が一様でない効果を考慮した小さな補正が必要とされています（$t=F/H$、$F=0.956$）。

〈注2〉この誤差は主にハッブル定数の測定誤差によるものです。その他に膨張の一様性などの仮定の不確かさからくる誤差もあります。宇宙の年齢は太陽系の年齢ほど精度よくは決まっていません。

〈注3〉吸収線のズレの原因として、光が伝播するにつれてそのエネルギーを失うという可能性も検討されていました。ハッブルは１９５３年にノーベル賞の候補に挙げられましたがその年に亡くなってしまいました（家正則『ハッブル――宇宙を広げた男』〔岩波書店〕）。

〈注4〉ビッグバンモデルでは宇宙には始まりがあると考えます。ホイルはこの考えが気に入らず、このモデルをからかうつもりで「ビッグバン」という名前をつけたそうです。彼はこれに代わるモデルとして、宇宙は膨張しているが常に物質が生成されており、始まりがないという「定常宇宙モデル」を提案していました。

〈注5〉隕石は、小さな天体が壊れてできたかけらが地球に降り注いだものと考えられています。この（仮想的な）小さな天体を「母天体」と呼びます。

〈注6〉輝石コンドライトは斜方輝石（エンスタタイト）を主とする隕石です。含まれる鉄のほとんどは金属鉄で、還元的な環境でできたものです。太陽に近いところでできたと考えられています。

〈注7〉ただし、惑星形成のモデルによると、できたばかりの小惑星帯には現在の1000倍くらいの質量（火星と同程度）が分布していたと推定されています。つまり、形成の後、小惑星帯の物体の大部分は違った場所に運ばれていったのです。その中でたまたま地球に落ちてきたのが隕石です。

〈注8〉天王星（と海王星）には水素もあるので、氷だけの場合よりは半径がやや大きくなっています。また、水素などの気体からなる惑星の大きさは温度にも強く依存します。この図では適当な温度を仮定しています。

〈注9〉カントは哲学者として有名ですが、初期の著書のほとんどは自然科学に関するものです。

〈注10〉ここで紹介するモデルの基本的な概念はいろいろな惑星系に共通ですが、具体的な数値は太陽系についてのものです。この惑星形成のモデルのおおよそは、林を中心として京都大学で作られたので「京都モデル」と呼ばれています。

〈注11〉このまとめでいろいろな出来事の起こる時期を示していますが、これは理論的なモデルから推定されたもので、ごく大雑把なものと理解してください（2～3倍くらいの不確かさがあります）。これとは違って、太陽系のできた時期（年齢）は隕石中の物質の同位体比の測定によって決められた正確な値です（46億年という年齢が、40億年とか50億年になることはありえません）。

〈注12〉この木星や土星の移動を強調したモデルはフランスのニースにある研究所の科学者が提唱しているので、「ニースモデル」と呼ばれています（巨大惑星の移動は比較的最近提案されたもので、京都モデルでは考慮されていませんでした）。

〈注13〉彗星の中には、少数ですが、その軌道が最も太陽から離れる点が木星の公転軌道付近にあるものがあります。これらの彗星を木星族彗星と呼んでいます。

〈注14〉これらの分析結果は、個々の鉱物の水を高分解能の測定機器を使って調べたものではありません。結果の信頼性が高いとはいえず、隕石の水の量については再検討する必要があると思います。

〈注15〉水（や炭酸ガス）の相図は、惑星の大気の進化を理解するのに役立ちます（第3章）。

(AIP Emilio Segrè Visual Archives, Physics Today Collection)

リングウッド
(Ted Ringwood, 1930-1993)

リングウッドはオーストラリアが生んだ20世紀最高の地球科学者。当時のオーストラリアでは、イギリスなどの国外で学位を取る人がほとんどでしたが、彼は例外的に、初等教育から博士課程までのすべての教育をオーストラリア国内で受けています(博士の学位をとったのはメルボルン大学〔1956年〕で1気圧での実験に基づき、簡単な熱力学を使ってマントル中での相転移を議論しました)。学位取得後、アメリカのハーヴァード大学のバーチの研究室で高圧実験技術を学び、帰国後、設立されたばかりのキャンベラのオーストラリア国立大学(ANU〔Australian National University〕)に、高圧実験を主要な方法とした地球化学の研究室を作りました(1958年)。この研究室で、地球深部の物質の性質を高圧実験によって調べ、地球や月の起源に関する研究を精力的に行いました。

地球のマントル鉱物の相転移のほとんどは、彼の研究室で発見されています。海洋地殻や大陸地殻の形成モデル、核の化学組成、マントル深部での相転移がマントル対流に与える影響、月の形成モデルなど、彼が新説を提唱し、学界に大きな影響を与えたテーマは数え切れません。マントル遷移層の鉱物、リングウッダイトは彼にちなんで名付けられました。この鉱物は多量の水を溶かしうるので、マントルでの水の重要な貯蔵庫と考えられています。

その業績に対して、米国地球物理学連合からのボーウィー・メダル、地球化学会からのゴールドシュミット賞など数多くの栄誉を得ています。中でも、ガリレオ・ガリレイがメンバーであったイタリアの学士院（リンチェイ・アカデミー）から1991年に授与されたフェルトリネリ国際賞を、最も誇りにしていたと言います。この賞は、科学者だけでなく広い範囲の文化への貢献者に贈られるもので、リングウッド以前にはストラヴィンスキー（ロシアの作曲家）、トーマス・マン（ドイツの小説家）などが受賞していました。

また、彼は根っからのオーストラリア人で、オーストラリア式のフットボールやクリケットを楽しんだだけでなく、研究で学んだ技術を応用し、オーストラリア社会に貢献すべく常に努力していました。原子炉の廃棄物の安全な処理法（Synroc）の開発、合成ダイヤモンドを使った新しい高強度材料の開発などの実績を上げています。

私は約３年間、キャンベラでリングウッドの「背中を見ていた」のですが、いつも大きな問題に取り組んで、奇をてらわずに大胆な仮説を立て、集中して迅速にその仮説を検証していく研究法から多くを学びました。

水が地球の性質を変える

水は惑星大気の温度や組成に影響を与えるだけでなく、惑星の進化に影響をもつ岩石の塑性変形や融解へ大きな影響を与えます。物質科学のおさらいをしながら、水についての基礎を学びます。

前章では元素の合成から惑星の形成までの過程を概観し、いろいろな元素がどのようにして合成され、惑星に取り込まれるのかを解説しました。また、元素の合成では原子核エネルギーレベルでの反応が、惑星の形成過程では化学反応のエネルギーレベルでの物質の振る舞いが、それぞれ重要なことを説明しました。

いろいろな元素の中でも、本書では水素（水）に着目しています。そこで、水自身のもつ性質や、水と鉱物やメルト（融けた岩石）との反応について理解しておくことは、惑星の形成と進化で水が果たす役割を考察するうえで重要です。

この章では、以下の章を理解するための準備として、惑星の形成や進化に関連する物質の性質に水がどのような影響を与えるのかを、物質科学的側面に重点を置いて解説します。水が地球（や地球型惑星）の大気の化学組成・温度や、マントル対流のあり方にどういう影響を与えるのか、マントル内での水の分布を推定するにはどのような方法があるのか、などの問題を考えるときに、水の性質や水（水素）が鉱物、メルトとどのように反応し、それらの性質を変えるかを理解することが大切になるのです。

3-1 水の相図と惑星大気の進化

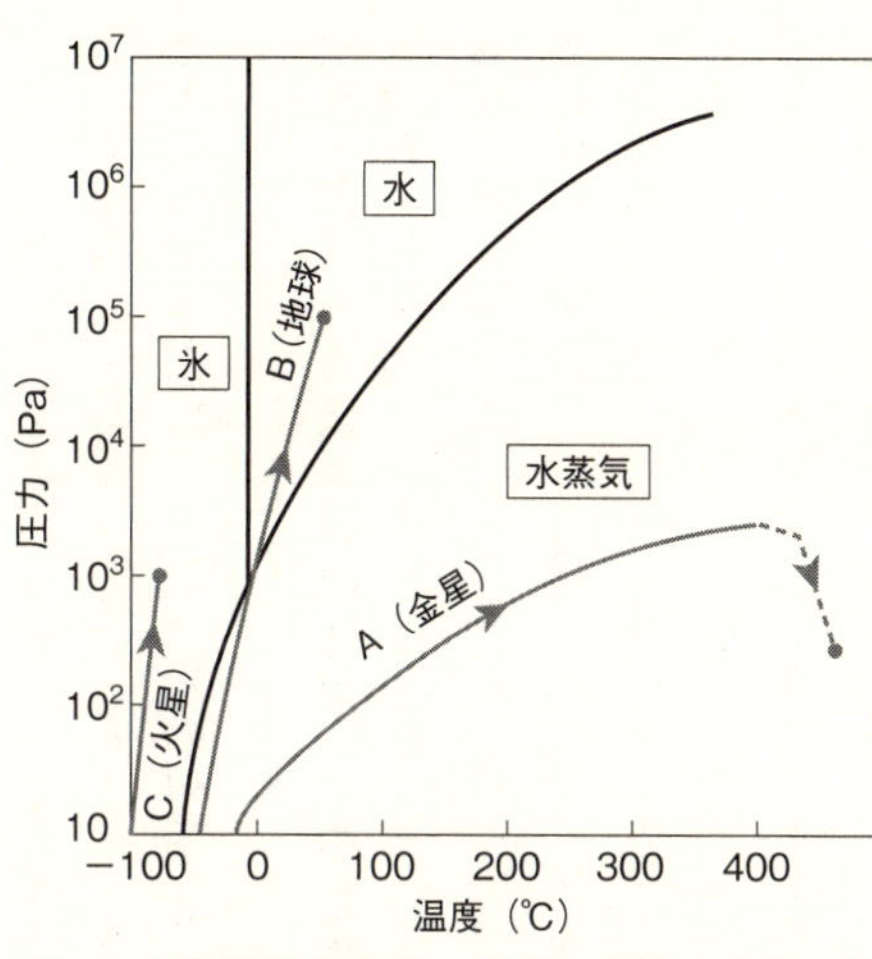

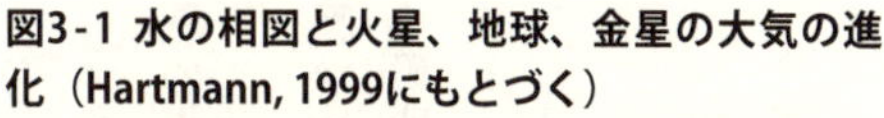

図3-1 水の相図と火星、地球、金星の大気の進化（Hartmann, 1999にもとづく）

少しの初期温度の違いが、大気の進化の経路を大きく変える。

金星大気の圧力は現在93気圧（9.3 MPa〔Mはメガ、10^6〕）だが、水蒸気の量は約20ppmなので水蒸気分圧は約190 Paになる。

水の相図

まず、さまざまな条件における水自身の振る舞いから考えましょう。**図3－1**は、水が固体（いろいろな結晶構造の氷）・液体・気体として存在する条件を温度と圧力の関数として示す水の相図です。この図に描かれている線は、固体と気体などの二つの相が共存する条件を示します。この図では、固体、液体、気体の三つの相が共存する「三重点」（第2章）が、惑星での大気の進化や気体から凝縮物ができるようすを考えるときに重要になります（水の三重点は0℃、0・00611気圧です）。以下では大気の進化を例にとって、水の相図をどう応用するのかを説明していきましょう。

地球・金星・火星の大気の進化——水の相図から読み取る

さまざまな物質の相図における三重点の位置関係が、原始惑星系星雲での気体からの凝縮物の形成に関して重要であることは、前章で解説しました。水の三重点と惑星大気の温度・圧力の位置関係は、惑星大気と海洋の進化を考えるうえで重要です。惑星の表面温度は、大気の影響を無視した場合、太陽からの放射と惑星表面から宇宙空間への放射のバランスで決まります。太陽からの放射は太陽に近いほど強いので、放射のバランスで決まる温度は、太陽から遠い惑星ほど低くなります。例えば、この温度は金星では1℃、地球ではマイナス48℃、火星ではマイナス95℃です。

次のような大気の成長モデルを考えましょう。最初の状態として、惑星の表面に大気は全くなく、その表面の温度は太陽からの放射による加熱と宇宙空間への放射による冷却で決まっている場合を想定します。この状態から出発し、衝突によって高温になった物質から発生した気体から大気が成長する場合を考えるのです（詳しくは第4章）。

二つの点が重要です。まず、大気が成長するのですから圧力は増加します。次に、大気の圧力（密度）が増加するにつれ、水や炭酸ガスなどの温室効果ガスの濃度が増え、温室効果で大気の温度が上昇します。この二つの因子を考えに入れるとそれぞれの惑星にどんな大気ができるのかを理解することができるのです。

金星では最初の温度が三重点より高いので、水は蒸発します。そうすると大気の圧力も上がりますが、温度が高いのでほとんどの水は水蒸気として存在しています。そのため温室効果が強まり、もっと温度は上がりさらに水蒸気が増えます。また、地表面にある炭酸塩も蒸発を始め、炭酸ガスも大気に加わり、さらに温室効果を大きくします。水蒸気は大気の高層部分で水素と酸素に分解され、水素は軽いので宇宙空間に逃げます（**図3－1**の曲線A）。こうして金星には、主として炭酸ガスからなる厚い高温の大気が形成されたと考えられます。

地球の場合、大気が薄い初期の段階では水は水蒸気になりますが、少し大気が厚くなり圧力が増すと、液体の水（海水）ができます（**図3－1**の曲線B）。地球の大気にはある程度の温室効果ガス（水蒸気）が存在するので、その温度は大気のない場合に比べて上昇します。しかし、地球ではほとんどの水は液体の状態にあり、大気中に水蒸気は少ししかありません。そこで温度上昇の大きさは金星に比べ小さく、海水が存在し続けます。そのため、金星とは違って、高層大気から逃げる水素はわずかです。

火星ではずっと低温から出発します。この場合、水はほとんど蒸発せず、氷のままです（**図3－1**の曲線C）。そのため、火星の大気には少量の炭酸ガスがあるだけで温室効果は弱く、火星の大気は地球とくらべて低温であることが予想されます。実際に、火星の平均表面温度はマイナス55℃と知られています。

このように、水（と炭酸ガス）の相図に基づいた簡単なモデルで、いろいろな惑星の表面での海洋の有無、大気の組成と構造（温度、密度）を説明できます。〈注1〉地球、火星、金星はもともとほぼ同じだけの炭酸ガスと水をもっていました。地球の大気には少ししか炭酸ガスはないのですが、堆積物に多量に炭酸塩があり、CO_2の総量は金星のそれにほぼ等しいのです。しかし、各惑星の大気は、最初の表面温度のわずかな違いのため、違った進化の道をたどり、現在では非常に違った大気をもち、海洋をもつようになったり失ったりしたのです。

液体の水と鉱物、岩石

液体の水は地球の内部にも存在します。地下水はよく知られていますし、もっと深いところでも、水が地殻の岩石に染み込んで、いろいろな化学反応を促進した証拠が見られます。地殻には、温度や圧力の変化によって鉱物の組み合わせが変化した（変成作用を受けた）岩石、すなわち変成岩が含まれています。変成作用は、化学反応を促進する水が存在しなければほとんど起こりません。

反応があまり進まない条件（とくに、温度・圧力が比較的低い地殻浅部）では、液体の水が岩石と一緒に存在します。このような場合、水は岩石の空隙(くうげき)に入ります。空隙に入った水は断層の運動を促進し、時には地震の発生を促します（この点については第5章で簡単に触れます）。

しかし、温度が上がると液体の水と岩石は化学反応を起こし始めます。水が鉱物と反応し含水鉱物を作ったり、水素が不純物として鉱物に溶け込んだりするのです。もともと液体の水が少量しかない場合は、この反応の結果、水は存在しなくなります。実際、地球の数十㎞より深い部分では液体の水は存在しません。

3-2 含水鉱物

水は鉱物と反応して、結晶構造の決まった位置が全て水素で占められている鉱物、含水鉱物を作ることがあります。本節では、この含水鉱物に注目しましょう。古くから知られている含水鉱物には蛇紋石（$Mg_3Si_2O_5(OH)_4$）や黒雲母（$KMg_3AlSi_3O_{10}(OH)_2$）などがあります。含水鉱物には多量の水が入っています。例えば、蛇紋石の重量の約13％は水が占めています。

含水鉱物に含まれる水素は酸素と結合し、OH基を作ります。水素と酸素の間の化学結合は弱いので、酸素と水素の原子間距離が大きく、そのため含水鉱物は密度が低いのが普通です。例えばオリビン（無水鉱物）の密度は3・2〜3・3g／㎤ですが、蛇紋石の密度は2・5〜2・6g／㎤です。そこで含水鉱物は高圧では不安定になる傾向があります。また、水素と酸素の化学結合が弱いため、含水鉱物は高温で不安定になり、分解して水を放出し、無水鉱物になります。

そこで、プレートの沈み込みに伴って圧力や温度が上がると、プレート上面にあった含水鉱物は分解し、水をマントルに供給するのです。

地球深部でも安定な含水鉱物

含水鉱物の中には、密度が高く、高圧で安定になるものもあります。実際、ここ40年くらいの研究で、そのような含水鉱物がいくつも見つかりました。これらの研究の発端となったのは、1967年に発表されたリングウッド〈注2〉らの研究です。彼らは24GPaまでの圧力で実験を行い、高圧でも安定な密度の高い含水鉱物（A相〔$Mg_7Si_2O_8(OH)_6$〕、B相〔$Mg_{24}Si_8O_{38}(OH)_4$〕）があることを示しました（A相の密度は3・0g／㎤、B相の密度は3・3〜3・4g／㎤）。高圧でも安定な含水鉱物ができるのは、水素と酸素の化学結合の様式が圧力によって変化するためだと考えられています。

高圧でも安定な含水鉱物を含め、ほとんどの含水鉱物に共通の特徴は、高温で分解するという点です。例えばA相とB相は、いずれも約１０００℃で分解します。つまり、より高温のマントルの大部分では、含水鉱物は存在しえないということです。しかし、比較的温度の低い沈み込むプレートの中では含水鉱物は安定で、マントル深部へ水を運ぶという重要な役割を果たしていると考えられています。

3-3 鉱物への水の溶解度

名目上無水の鉱物

大部分のマントルは高温です。このような条件では、含水鉱物は存在しません。マントル内の水のほとんどは、石英やオリビンのような鉱物に水素不純物として入っています。石英（SiO_2）やオリビン（$(Mg,Fe)_2SiO_4$）のように、その化学式に水素の入っていない鉱物を「名目上無水（めいもくじょう）の鉱物」と呼びますが、このような鉱物にも水素が溶け込むという事実は、グリッグス（**コラム5**）が発見しました。１９６０年代半ばのことです。しかし、グリッグス自身は水素の鉱物への溶解メカニズムについてはほとんど言及していません。彼の興味の中心は、溶けた水素がどのように鉱物の塑性変形を促進するかという点にあり、水がどのように溶けるかにはあまり関心がなかったようです。

ところで、本書では「水が鉱物に溶ける」という表現をよく使っていますが、鉱物に水が分子として溶けるわけではありません。大抵の鉱物の結晶構造の中には、水分子が溶けるのに十分大きな空間はないからです。実際には、水分子は水素イオン（プロトン〔陽子。水素の原子核〕）と酸素イオンに分解し、それぞれが鉱物中の都合のよい場所に入ります。都合のよい場所とは、あまり鉱物のエネルギーを増やさずに入れる場所のことです。プロトンは陽イオンですから、もともと陽イオンが占めていた場所であれば、あまりエネルギーを増やさずに入れます。その一つの例を**図3-2**に示しました。水が分解してできたプロトンが鉱物にもともとあった陽イオン（図ではマグネシウムイオン）と置き換わり、この陽イオンと水が分解してできた酸素が鉱物の表面に付加されるというわけです。このような反応の結果、鉱物の体積は増加します。

このようにして、ある元素が原子レベルの不純物として固体に溶ける場合、この元素は「点欠陥」として固体に溶けたと言います。純粋の固体では、格子上の決まった位置に決まった元素が規則正しく配置されています。しかし、温度を上げるとところどころに乱れた構造が生じることが知られており、点欠陥はその一例です。不純物が点欠陥として溶ける場合、温度が上がるほど

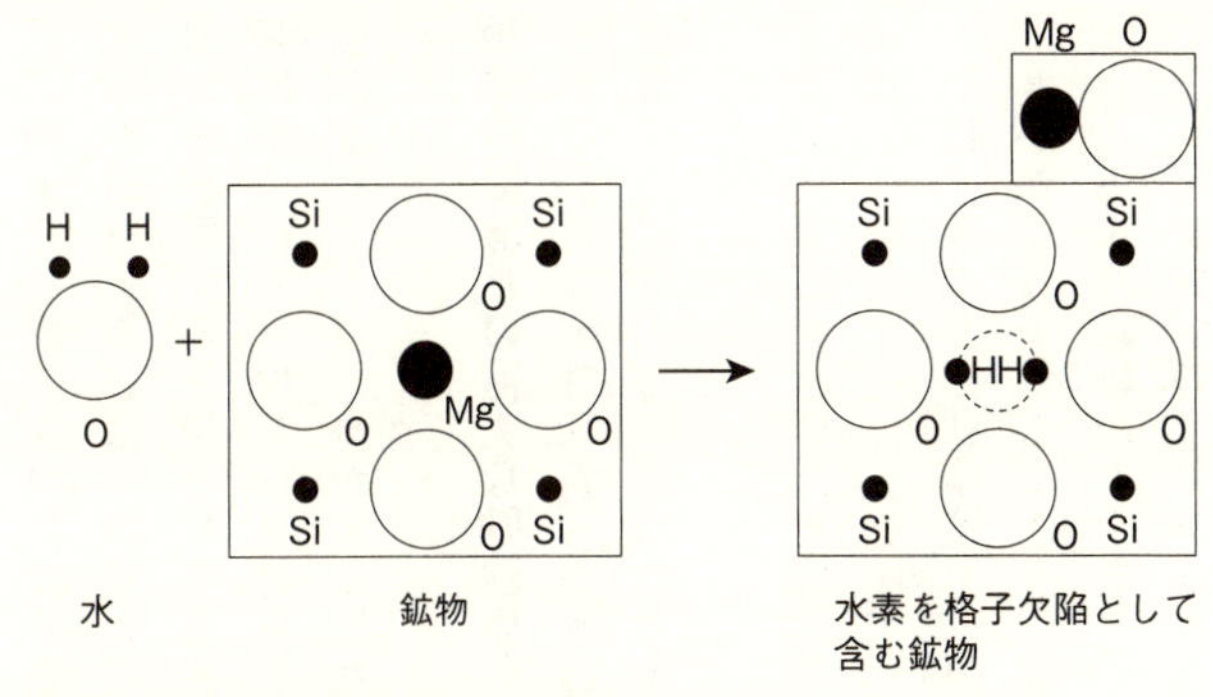

図3-2 鉱物への水の溶け方のモデルの一例
水にあった水素（H）がマグネシウム（Mg）のあった場所に入り、鉱物から取り出されたMgと水にあったO（酸素）が鉱物表面に付加される。

不純物元素の溶解度は大きくなります。水素の鉱物への溶解度も温度とともに上昇します。つまり、含水鉱物中の水と違って、鉱物に不純物として含まれる水は高温でも安定して存在していられるのです。そのため、鉱物に溶け込んだ水は、高温のマントルの大部分で重要な役割を果たします。

いろいろな鉱物にどれだけの水（水素）が溶けるかを調べる研究は、１９８０年代から本格的に始まり、現在では、マントルの鉱物や核の物質（鉄）も含め、そのおおよそがわかってきました。数多くの科学者がこの研究に貢献しました。鉱物への水素の溶解についての研究方法の基礎は、私も3年余りを過ごしたＡＮＵ（オーストラリア国立大学）のパターソン（**コラム6**）の研究室で確立されたものです。

このような原子レベルでのモデルは面倒と思われるかもしれません。しかし、原子レベルのモデルが構築できれば、いろいろな定量的議論ができ、鉱物実験の結果から惑星内部での水の振舞いを理解する基礎となります。そこで、最近の地球科学では、原子レベルでの物質の性質の理解に基づいて、マントル対流など地球・惑星規模の問題を研究するという、広い空間スケールにまたがるアプローチがよく使われます。

地球内部は水の巨大な貯蔵庫？

いろいろな地球物質への水の溶解度の測定結果を、**図3－3**にまとめました。また、今までの研究から以下のことがわかりました。

(1)地球内部での水の溶解度は深さとともに大きく変化する。

(2)核（金属鉄）には、高圧下で多量に水が溶け込みうる（常圧ではほとんど溶けない）。このことは、深井有(ふかいゆう)と秋本俊一(あきもとしゅんいち)、奥地拓生(おくちたくお)などが明らかにした。深井はまた、水素が溶けると鉄の密度がかなり下がることも、理論的・実験的に示した。

(3)マントルの鉱物にもかなりの水が溶ける。しかし、水の溶解度は鉱物によって異なり、とくに溶解度が高いのはマントル遷移層（深さが410～660㎞）の鉱物である。下部マントルの鉱物にどれだけ水が溶けるかはよくわかっていないが、遷移層の鉱物に比べれば、溶解度は小さい。したがって、マントルでの水の溶解度分布は遷移層にピークがある。

(4)地球内部で溶解度まで水が溶け込んでいるとすれば、その水の量は海水の数十倍から100倍くらいになる。したがって、地球内部は水の巨大な貯蔵庫になりうる。

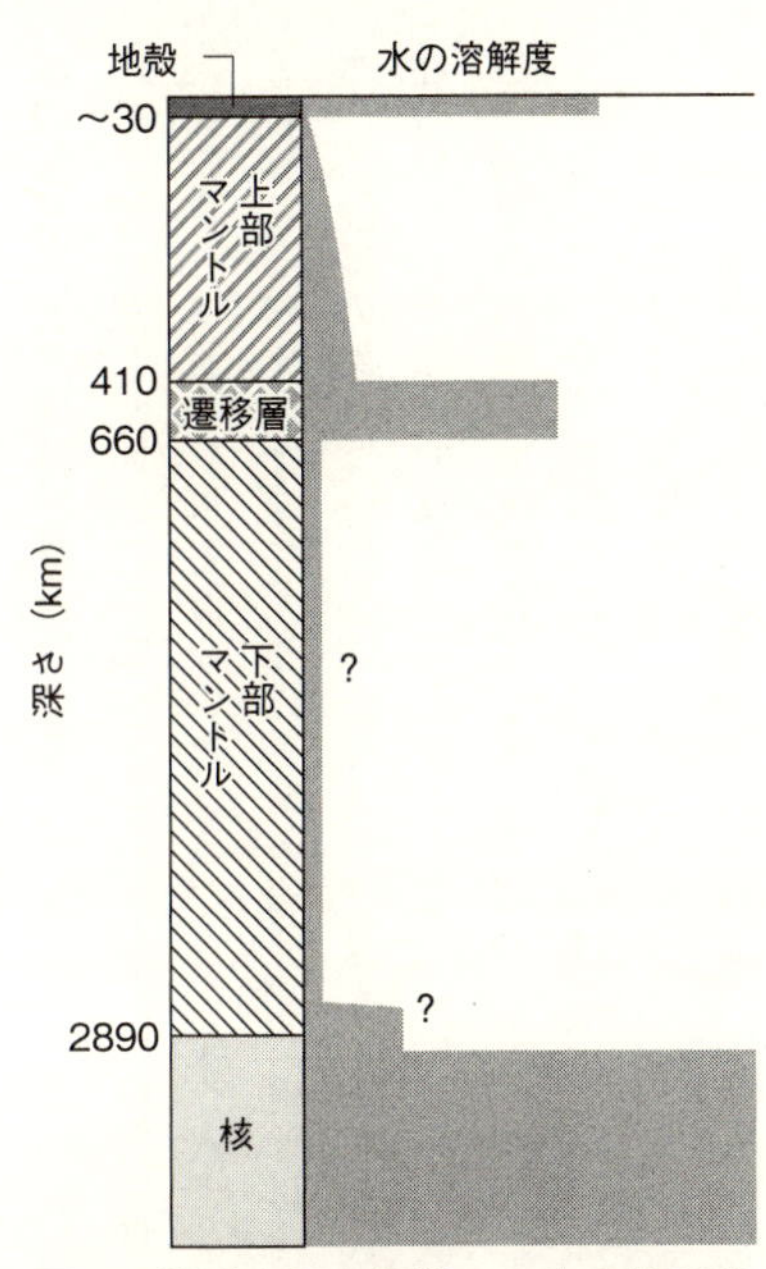

図3-3 地球内部の物質への水の溶解度（Karato, 2015）
溶解度の大きさは定性的にのみ示されている。最大値は数重量%くらい。

マントルの水の溶解度のピークが遷移層にあるという事実は、マントルでの水循環を考えるうえで重要です。その理由は、鉱物への水の溶解度が岩石の融解に大きな影響を与えるからです。この点については次節（3-4節）で解説します。

水の溶解度と水の存在度とは違う

ここで注意したいのは、**図3−3**に示したのは溶解度（水の溶け込む量の最大値）であって、実際に存在する水の量ではないということです。水の溶解度が大きくても、実際の水の量はゼロということがありえます。また、隣り合う層（例えば上部マントルと遷移層）での水の量比は、水の溶解度の比とは直接の関係はありません。もちろん、溶解度の異なる二つの層の境界のごく近傍では水が拡散で移動しうるので、水の量比は溶解度の比で決まっています。しかし、水（水素）の拡散は他の元素に比べて速いと言っても、境界から数㎞以上の距離の拡散は無理です。ですから、二つの層の境界のごく近くを除けば、地球内部の水の分布は溶解度（の比）で決まっているわけではないのです。

地球内部の大部分で水の量を決めるのは、化学平衡ではなく、地質時代を通した水の循環の歴史です。逆に言えば、実際の地球内部での水の分布がわかれば、地球内部での水の循環、さらには地球の歴史についての貴重な情報が得られることになるのです。この点については第6章で詳しく解説します。

3-4 メルトへの水の溶解と岩石の融解

メルトへは多くの水が溶ける

地球内部には鉱物だけでなく、メルトもあります。鉱物にもかなりの水が溶けることを強調しましたが、メルトにはもっと大量に溶けます。その理由は、簡単に言えば、メルトが原子レベルで融通の利く構造をもっているからです（第2章で述べたアモルファス物質も同様です）。このような物質では、固体のように原子が規則正しい位置にあるわけではありません。そこで不純物が入っても、周りの原子が容易に位置を変化させ、エネルギーがあまり上昇しないのです。

そのため、メルトには水が分子として溶け込むこともあります（前述のとおり、鉱物ではほとんどありません）。融通の利く構造をもつ物質は、水素のような不純物が入ってもエネルギーがそれほど上がらないため、不純物の溶解度が高いのです。

また、鉱物の場合と同じく、メルトへの水の溶解度は圧力の影響も受けます。圧力が高くなるほど溶解度は大きくなるのです。条件によりますが、水のメルトへの溶解度はオリビンなどの鉱物への溶解度に比べて100倍から1000倍くらい大きいのです。

もし、地球初期のマグマ・オーシャンが限界まで水を溶かしていたとしたら、地球には現在の海水の100倍以上に相当する膨大な水があるはずです。実際には、マグマ・オーシャンに溶けた水の量は溶解限界よりは少ないでしょうが、かなりの水がマグマ・オーシャンに溶けていたことは確かです。また、マグマ・オーシャンが固結したとき、溶けていた水の大部分はメルトから放出されたはずです。メルトから放出された水がどういう運命をたどるかは第4章で解説しましょう。

水は岩石の融解を促進する

岩石の融解（メルトの形成）には水が大きな役割を果たします。これは次のような理由によります。まず温度を上げると多くの固体は融解しますが、これは液体（メルト）は固体に比べ乱れた構造をもち、高温では乱れた構造をもつ物質がより安定になるからです。

一般に、不純物が物質に溶けると乱れの程度が増加します。水は鉱物に比べ、メルトに大量に溶けます。そこで、水が存在するとメルトの構造は鉱物に比べてより乱れてくるのです。そのため、メルトが鉱物に比べてより安定になり、融解が起きやすくなるのです。水がどれだけ融点を下げるかは、水の量や鉱物（岩石）の種類によりますが、その変化の大きさは数百℃から1000℃以上にもなります（これは融点の数十%に相当します）。

このように水などの不純物が物質の融解を促進するという現象は岩石に限らずごく一般的な現象です。氷に食塩を加えると融点が下がることはご存知でしょう。水が加わると岩石の融点が下がることは、アメリカのボウエンが20世紀初頭に初めて見出しました。その後、日本で久城育夫、井上徹、川本竜彦、大谷栄治、三部賢治などが重要な研究をしています。これらの研究によって、水が加わって融解が起きた場合にできるメルトは、水がない場合にできるメルトとは組成が違っていることも見出されました。

マントルでの融解と水

水による岩石の融解の促進という現象は、日本列島のような海洋プレートが沈み込む地域でよく観察されています。海洋プレートの上面には、多量の水があります。水はプレート上の堆積物や、中央海嶺の近くでの熱水変成作用〈注3〉でできた含水鉱物に含まれているのです。含水鉱物のほとんどはマントルに入ると不安定になり、分解し水を出します。この水が周りのマントル物質と反応して融解を促進します。そのため、日本列島のようなプレートの沈み込んでいるところではマグマが生成されやすく、火山が多いのです。このようにしてできる火山のマグマには水が多く含まれるので、水蒸気爆発のような危険な噴火がよく起こります。これに比べ、ハワイの火山のマグマには水は少ししか含まれておらず、噴火もずっとおとなしいものになっています。

マントル深部でも、水による岩石の融解の促進が起こる可能性があります。例えば、マントル遷移層には多量の水がある可能性がありますが、ここでは鉱物が多量の水を溶かしうるので融解は困難です。しかし、多量の水を含んだマントル遷移層の物質が、鉱物への水の溶解度が小さい上部マントルや下部マントルに移動した場合、そこで融解が起こります。実際、遷移層のすぐ上や下で融解が起こっていることを示唆する、地震学的観測結果が報告されています。

マグマ（メルト）は地表に出てくるとは限らない

メルトともとの岩石の組成は違っていますが、メルトが移動しなければ、この領域全体としての化学組成は変わりません。地球内部のいろいろな領域の化学組成が変化（化学的に進化）するのは、メルトが岩石から移動（分離）するからです。

簡単のために、重力だけが働く場合を考えると、メルトが移動する原動力はメルトと岩石の密度差に求められます。火山は地下で融けたメルトが地上に噴出してできるのですから、この場合、メルトは岩石より軽いはずです。実際、たいていのメルトはもとの岩石より軽いことが知られています（玄武岩メルトの密度は2・7g／㎤、上部マントルの岩石の密度は3・3g／㎤）。

ところが、いつもメルトが岩石より軽いとは限りません。ストルパーは1981年に発表した論文で、高圧下で融解が起こった場合、できたメルトは岩石より重くなり下に沈むであろうと指摘しました。これは非常に簡単な議論に基づいています。

典型的なメルトである玄武岩メルトを考えると、低圧（上部マントル）ではその密度は周りの岩石より確かに小さく、玄武岩が地表に噴出している事実と調和的です。ストルパーは、より高圧での玄武岩メルトと岩石の密度の関係を検討しました。そして、深いところ（３００km程度）では、玄武岩メルトが岩石（鉱物）より大きな密度をもつと予測したのです。つまり、このような深部で融解が起こった場合、マグマは地表に噴出するのではなく、地球深部にとどまるか、より深部に移動していくだろう、と言うのです。

これは大変大胆な指摘ですが、メルトが鉱物より圧倒的に圧縮されやすいという、よく確立された事実に基づいています。このことは、圧縮に対する抵抗を表す指標（体積弾性率）の比較から明らかです。メルトの体積弾性率は15～30 GPa、上部マントルの鉱物では１００～１２０GPaで、メルトのほうがはるかに圧縮されやすいのです。高圧になると玄武岩メルトのほうがマントルの鉱物（オリビン）より重くなるという予想は、エイジーや大谷栄治などによって実験的に確認されました。

しかし、メルトの密度は化学組成にも依存します。また、メルトの化学組成はもともとの岩石の化学組成だけでなく、融解の起こる条件（例えば温度）にもよります。この問題を調べるために、私の研究室では、水の入ったメルトの密度を測定しました。実験は、遷移層と上部マントルの境界に相当する温度・圧力条件を再現し、生じたメルトの密度を測定するというものです。その結果、この温度・圧力条件でできたメルトは、融解の起こる温度が低い場合には周囲の岩石より軽く、温度が高い場合には重いということがわかりました。この結果は、融解の起こる温度によってできたメルトに含まれる水の濃度が変化するということで説明できます。

3-5 水と鉱物の性質

地震波の速度はあまり水に影響されない

水素が鉱物に溶けることを説明しました。溶けた水素は鉱物の結晶にある酸素と弱い化学結合をします。そこで、鉱物の中で水素の存在する付近は他の部分に比べて柔らかく、したがって水素の溶けた鉱物では弾性波速度が小さくなっているはずです。

いろいろな地球物理学的観測の中で、地震波速度は最も精度よく測定される量です。そこで、鉱物の弾性波速度への水の影響を調べて、観測された地震波速度と比較すれば、地球内部の水の分布が推定できるかもしれない、と考えられました。私も、地球物理学的観測から地球内部の水の分布を推定できないかと考えていた1995年頃に、この可能性を検討しました。水素は点欠陥として鉱物の個々の結晶格子位置に入ります（**図3−2**）。そこで、水素を弾性定数がゼロの球とみなして、鉱物に水素が入るとどれだけ弾性波速度が下がるかを計算したのです。つまり、水による地震波の減速効果の上限を見積もったことになります。

この計算により、水が地震波速度を観測可能なほど下げるためには、溶解度と同等かそれ以上の量が溶けなければならないことがわかりました。この計算結果の妥当性は、のちの実験でも確認されています。ですから、たいていの場合、水が地震波速度を下げる効果は小さく、その効果が観測されることはほとんどないと結論できます。

特に重要なのは、水の効果は他の要因（例えば、主要元素の化学組成の変化）の効果に比べて小さいという点です。地球の中では、場所によって主要元素（Mg、Fe、Al、Ca、Si）の組成が変化することがあります。どの程度変化するかは、岩石の融解実験や、マントルからとれた岩石試料の分析を行えば見当がつきます。これらの研究から推定される、主要元素の組成の違いによる地震波伝播速度の変化の大きさは、水の効果よりかなり大きいのです。

例えば、プレートが沈み込んでマントルの遷移層に達しているような場所では、水も運ばれているでしょうから、周りのマントルより水が多いはずです。しかし、このような場所では、プレートとその周りのマントル物質という、形成の歴史が異なる2種類の物質が共存しているので、主要元素の組成も違います。つまり、化学組成としても主要元素の組成と水の量の二つがわからないのです。ところが、水の量の違いよりも主要元素の組成の違いのほうが地震波速度に与える影響は大きいので、地震波速度だけから水の量を推定するのは困難です。

ただし、以上の地震波伝播速度に関する議論は、完全な弾性体を考えた場合のものです。実際の地震波の伝播は低い周波数で起こるので、間接的ですが粘性流動（塑性変形）の影響を受けます。したがって、水が岩石の塑性変形に明確な効果をもつとすれば、水の分布を推測するうえでヒントになるかもしれません。この間接的な効果を理解するために、まず、岩石の塑性変形への水の効果を説明しておきましょう。

水は鉱物の塑性変形を促進する

水が鉱物の塑性変形を促進することは、3-3節でも登場したグリッグスが発見しました（1965年）。水の入っていない石英は非常に堅く、高温でも塑性変形をさせることは困難です。ところが少量（0・01重量％）でも水が入ると、石英は容易に塑性変形するようになります。やはりグリッグスの研究室で、オリビンについても同様の現象が見出されました。いずれの場合も、鉱物の塑性変形への水の効果は、弾性波速度への効果に比べて圧倒的に大きいものでした。0・01重量％程度の水が石英に溶けた場合、（高周波数での）弾性波速度はほとんど変わりませんが、塑性変形の速さは桁違いに大きくなります。

多くの水素が溶けるほど鉱物は柔らかくなるので、鉱物に溶けた水素が鉱物を柔らかくすることは明らかです。しかし、石英の研究からは、鉱物に溶けた水素が塑性変形を促進するメカニズムの理解はなかなか進みませんでした。水素が石英へ溶け込む速度が小さく、再現性のある実験ができなかったからです。

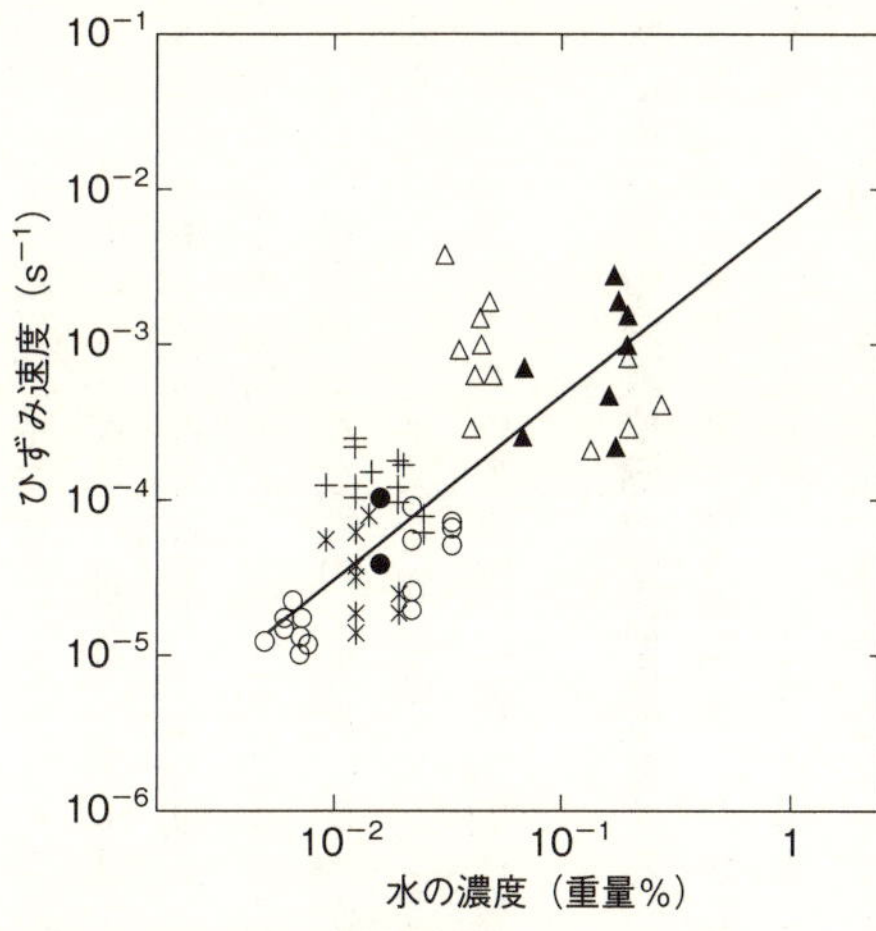

図3-4 オリビンの塑性変形への水の効果（Hirth and Kohlstedt, 2003にもとづく）
変形の速さ（ひずみ速度）は水の濃度とともに増加する。

一方、オリビンでは水素が溶け込む速度が大きく、再現性の高い実験結果が容易に得られました。１９８０年代に、特にＡＮＵでおこなわれた研究によって大きく理解が進みました。

私は幸運にも、この研究の一端を担うことができました。私のＡＮＵでの研究は、実験の試料を全部、自分で合成するという、時間のかかる研究でしたが、その結果、水が加わるとオリビンの塑性変形が促進されることが、初めて明瞭に示されました。私がいたＡＮＵの研究室で半年ばかり研究をしたコールシュテットは、この方法をアメリカに持ち帰り、この分野で大きな貢献をしています。**図3－4**にその例を示します。

他の多くの鉱物でも、水による塑性変形の促進という同様の現象が見つかっています。しかし、この現象がどんな鉱物でも起こるのかはわかっていません。地球のマントルの大部分を占める下部マントルにある鉱物では、水があまり塑性変形を促進させない可能性もあります。しかし、下部マントルの条件での変形実験は難しく、この問題はまだほとんど研究されていません。

水は地震波の減衰や潮汐摩擦を促進する

地震波は基本的には弾性波です。しかし、地震波の伝播は完全な弾性波の伝播としては説明できない部分があります。それは、地震波は弾性波といってもゆっくりと振動する波であるためです。一般に、物質は速い速度の変形では弾性的に振る舞うものの、ゆっくりした変形では粘性流動も起こるという性質があります。特に地球深部の温度の高い領域や水の多い領域で、粘性流動の影響は大きくなります。

粘性流動が起こると弾性振動のエネルギーの一部は熱に変換され、振動のエネルギーは減少していくのです。そのため、地震波の振幅は伝播距離とともに小さくなります。これが地震波の減衰です。大部分は弾性的だが、少しは粘性流動的に振る舞う、という中途半端な性質を「非弾性」と呼びます。減衰の大きさは*Q*という量で測られます。1／*Q*がエネルギー散逸の大きさを表します。1周期の変形で1％のエネルギーが熱として散逸される場合、*Q*＝100です。

非弾性の研究では、ＡＮＵのジャクソンが大きな貢献をしました。彼はパターソンと協力して、大変ユニークな実験装置を開発し、いろいろな物質の非弾性を地震波周波数の範囲で測定したのです。その実験装置の開発には、じつに10年以上の歳月がかかりました。今、高温、高圧で非弾性の実験的研究ができるのはＡＮＵのジャクソンの研究室だけです。

非弾性変形には粘性流動が大きく寄与しているので、非弾性変形に水が大きな効果をもつことは明らかです。私は簡単な理論を使って、非弾性変形への水の効果を1995年に定式化しました。その実験的検証はジャクソンらによって、やっと最近になって行われました。地震波速度に比べると地震波の減衰は観測が難しく、その精度は落ちます。しかし、水は地震波速度への効果をほとんどもたないのに対し、地震波減衰への効果は非常に大きいのです。ですから、測定精度が落ちるとはいえ、水の分布を推定する上では、地震波減衰は地震波速度に比べて圧倒的に重要な情報なのです（第6章）。

非弾性変形は惑星の潮汐（ちょうせき）変形でも重要です。潮汐変形とは、有限な大きさをもつ二つの天体が重力で相互作用しているときに起こる変形です。天体内部の場所によって重力と遠心力のバランスが違ってくることから生じるのです。

潮汐変形の大きさは、二つの天体の距離によって変化します。したがって、太陽に対する惑星や、地球に対する月の公転軌道が円からずれていると、変形の大きさが時間とともに変化します。その変化の周期は公転の周期と等しく、地震波の周期よりもっと長周期(地球に対する月の公転なら1ヵ月、太陽に対する地球の公転なら1年などの周期)です。そこで、潮汐変形では粘性流動の効果が大きくなるのです。そのため、潮汐変形では多くのエネルギーが熱となって散逸します。潮汐変形によってエネルギーが散逸する現象を潮汐摩擦と呼びます。潮汐摩擦は地震波の減衰と同様にQという量で測られます。

潮汐摩擦は地震波減衰と同じ現象ですが、天体の形や重力の測定から計算できるため、測定精度は地震波減衰に比べて格段に上がります。そのため、潮汐摩擦は水の分布を推定するのに有力なデータになります(第6章)。

水は鉱物の電気伝導度を高める

1990年頃、ANUではオリビン中の水素の拡散係数も測定されました。プロトンのようなイオンが拡散していくと、その鉱物には電流が流れるようになります。そこで、もし鉱物中に電荷をもったイオンが十分な濃度で存在し、その移動度(拡散係数)が大きければ、鉱物の電気伝導度が上がるはずです。私は、水素の拡散係数の測定結果を使って電気伝導度への水の効果を計算してみました。そうすると、確かに、水がある程度入っているとアセノスフェアの電気伝導度は高くなり、地球物理学的観測をうまく説明できるという結果を得ました。

この仮説をテストするために、私たちは上部マントルの大部分や遷移層にあるほとんどの鉱物について、電気伝導度を測定しました。各鉱物について、まったく水を含まない状態と溶解度まで水が溶け込んだ状態の両方で、電気伝導度を比較したのです。その結果、すべての鉱物で、後者の状態のほうが１００から１０００倍も大きな電気伝導度をもつことがわかりました（**図３−５**）。

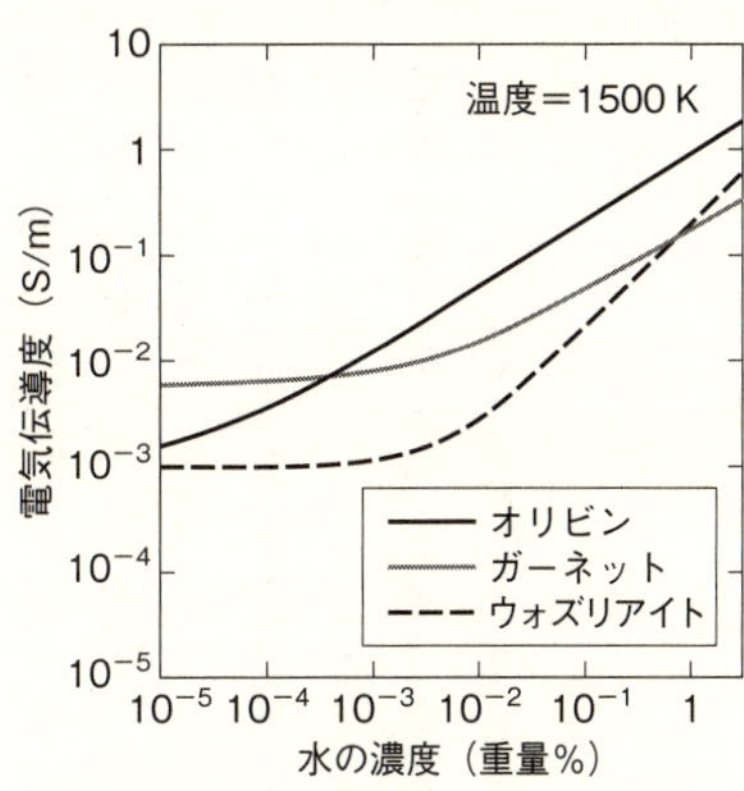

図3-5 鉱物の電気伝導度への水の効果（Karato, 2011）

水以外の条件（温度、主要元素の組成など）が鉱物の電気伝導度に与える影響も調べました。温度が上がると電気伝導度は上がりますが、水の効果のほうが大きいことがわかりました。したがって、電気伝導度は、地球や惑星内部の水の分布を推定するのに大変有用なのです（第６章）。

〈注1〉炭酸ガスについては定性的なこと以外は詳しく述べませんでした。また、水や炭酸ガスが単独にあるという仮定は現実とは異なり、実際は他の物質との反応も重要です。とはいえ、おおよそはこの簡単な議論で理解できます。

〈注2〉マグネシウムケイ酸塩を主成分とする地球深部の含水鉱物には、組成に応じて「A相」「B相」などの名で呼び分けられるものがあります。

〈注3〉海嶺の近くでは、高温のマグマが海底まで上昇してきます。そこで海水は高温になり、海底の岩石と盛んに化学反応を起こします。これを熱水変成作用と呼びます（第5章、186～187ページも参照）。

(AIP Emilio Segrè Visual Archives, Physics Today Collection)

グリッグス
(David Griggs, 1911-1974)

グリッグスはアメリカの地球科学者。1933年にハーヴァード大学で、岩石の変形実験を始めました。当時のハーヴァードには、高圧物理の研究でのちに(1946年)ノーベル物理学賞を受賞するブリッジマンがおり、グリッグスはその指導のもとで高圧の実験装置を開発しました。彼は研究の初期から、造山運動やマントル対流などのグローバルな地球科学の問題と、固体の変形の物理というミクロな科学の両方に関心をもっていました。1936年には25歳の若さで、この二つの分野での指導的論文(総説)を書いています。

彼の地球科学的研究は、第二次大戦のため1941年に中断されました。そして、大戦中は空軍関係の仕事に、戦後も軍事研究に深く関わりました。原爆、水爆の開発をめぐるオッペンハイマーとの確執はよく知られています。

1948年に学問の世界へと戻り、UCLA(カリフォルニア大学ロスアンジェルス校)で本格的な鉱物・岩石の塑性変形の研究を始めました。実験装置の開発、ミクロな物理の理論的・実験的研究、それらの結果を応用した地球科学的現象のモデルの構築など、幅広い分野で活躍しました。特に重要な研究成果は、1960年代の半ばから1970年代の初期に行った、石英やオリビンなどの鉱物に水素が格子欠陥として入り、鉱物の塑性変形を大きく促進する、という事実の発見です。1960年代半ばから、スキー中に心臓麻痺で急死する1974年まで、UCLAの彼の研究室では、水の影響を含め、鉱物の塑性変形の研究が活発になされました。この分野の基礎のほとんどは、彼の研究室で最初に手がつけられたものです。また、UCLAで多数の後進を育てた業績も大きいものです。

その貢献に対してブッカー・メダル、デイ・メダルなどを受賞しています。本書で取り扱う、ミクロな鉱物物理や地球規模の現象であるマントル対流という、全くスケールの違う二つの分野で若くして業績を上げた学問的な巨人でしたが、軍事研究では保守的な面も見せました。人間の複雑さを思い知らされる人物です。

(Image credit：Mervyn Paterson)

パターソン

（Mervyn Paterson, 1925-）

パターソンはオーストラリアの岩石物理学者。学位論文はイギリスのケンブリッジで、転位論の創始者であるオロワンの指導のもとで金属学をテーマにして取得しました。その後、できたばかりのオーストラリア国立大学（ＡＮＵ）で岩石の変形を研究する実験室を作りました（１９５３年）。同じ学科に数年後に就任したリングウッドと比べると、パターソンの研究は地味ですが、実験装置の開発に始まるその堅実な研究手法は世界の研究者に大きな影響を与えています。

また彼はワイン通でもあります。自宅の地下にあるワインセラーには常時、約４００本のワインが貯蔵されていて、彼の家を訪問するたびに、とっておきのワインを振る舞ってくれました。

オーストラリア学士院の会員に選ばれた他、米国地球物理学連合からのブッカー・メダルを受賞しています。私はＡＮＵでパターソンから実験的研究の方法を、リングウッド（コラム４）から地球惑星科学の研究姿勢を学びました。

マグマの海と地球の水

地球などの惑星ができた頃はその表面にマグマの海(マグマ・オーシャン)がありました。マグマ・オーシャンが惑星に水が取り込まれるのに果たした役割を考えます。

第2章では、宇宙の創成時や星の中での元素の合成から始めて、惑星がその形成過程でどのように水を獲得するのかを考えました。地球型惑星は凝縮物質（主に固体）からできているので、その組成の大部分は凝縮物質の組成で決まっています。そこで、太陽系のいろいろな場所で、どのような物質が凝縮するのか、惑星がそれらの物質をどのように集めるのか、に焦点を合わせました。

この章では、地球型惑星が最終的な大きさ（質量）になった段階から後の進化を考えます。とくに注目したいのは、惑星形成直後にできたと考えられるマグマ・オーシャン（マグマの海）の役割です。マグマはメルト（融けた岩石）からできていますが、メルトは大量の水を溶かすので、マグマ・オーシャンは惑星の水の分布や大気・海洋の形成に大きな影響を及ぼしたはずです。

4-1 マグマ・オーシャンと地球（惑星）の初期進化

マグマ・オーシャンはなぜできるのか？

地球などの惑星は微惑星の衝突・合体によって形成されました。月や火星などの表面に見られる多数のクレーターがその証拠です。惑星が形成されるとき、それまでバラバラの位置にあった微惑星が１ヵ所に集まるので、重力エネルギーが解放されます。そのため、惑星の温度は上昇します。惑星がまだ小さいあいだは解放される重力エネルギーが小さいので、温度はそれほど高くなりません。惑星が大きくなるにしたがって解放される重力エネルギーが増え、惑星表面の温度は上がっていきます。そのため、形成途上の惑星では、温度が一番高いのは表面のはずです。これは、深いところほど高温になっている現在の地球とは逆の温度分布です。

成長しつつある惑星では、衝突による加熱だけでなく、宇宙空間へ光（赤外線）としてエネルギーを放射することによる冷却も起こります。この二つの効果のかねあいで、実際の温度が決まります。ゆっくりと惑星が形成される場合には冷却の効果が強く、あまり温度は上がりません。冷却の効果の大きさは、形成途上の惑星に大気があるかどうかによっても違ってきます。大気があると、その中の温室効果ガスが赤外線を吸収するので保温効果が働き、地表の温度が上がるのを助けるのです。

このように、加熱の程度には不確かさがありますが、惑星の大きさが火星程度の大きさを超えると、その表面温度が岩石の融点を超えると予測できます。したがって、形成途上の地球程度の大きさの惑星は、その表面の大部分が融けた岩石で覆われていたと考えられます。これをマグマ・オーシャン（マグマの海）と呼んでいます。

次項で説明するように、月にはマグマ・オーシャンがあったという強い証拠が見つかっていますが、地球にマグマ・オーシャンがあったことを直接的に示す証拠はありません。地球のマグマ・オーシャンはむしろ、惑星形成のモデルに基づいて推測されています。ともあれ、マグマ・オーシャンの存在を仮定すると都合のよい事実が多くあり、地球でもマグマ・オーシャンがあったと考えるのが一般的です。

月のマグマ・オーシャン

マグマ・オーシャンという概念が初めて提案されたのは、月に対してでした。アポロ計画で採集された岩石の分析結果から、月の地殻のかなりの部分が灰長石岩（かいちょうせきがん）という岩石でできていることがわかりました。灰長石岩は、主に灰長石という鉱物でできた岩石です。灰長石は玄武岩マグマが冷えて固結するときにできます。灰長石岩は玄武岩マグマより軽いため、マグマが固結するとき、地表に浮いてくるのです。地殻に多量の灰長石岩があることから、月の大部分がかつてマグマで覆われていたと推定されました。

しかし、月は小さい天体ですから（質量にして地球の約80分の1、半径では地球の約4分の1）、月にマグマ・オーシャンがあったとすれば、それは不思議なことです。形成中の惑星（衛星）の加熱は、衝突物質の重力エネルギーの解放によります。解放される重力エネルギーの大きさは、形成されつつある天体の大きさ（質量と半径）に強く依存します。このことは、天体に衝突してくる物体の速度を考えれば理解できるでしょう。大きな天体ほど重力が大きく、大きな速度で物体が衝突してくるので、加熱の程度も大きいのです。逆に小さな惑星（衛星）では小さな重力エネルギーしか得られないので、岩石が融けるほどの大きな温度上昇は難しいのです。月の場合、自分の重力エネルギーは地球の約20分の1しかありません。[注1] ですから、他の条件が同じなら、形成時の温度も地球の20分の1になるはずなのです。

ではなぜ、小さな天体である月にマグマ・オーシャンができたのでしょうか？ この謎を解くのは巨大衝突（ジャイアント・インパクト）という月形成のモデルです。

惑星の形成は微惑星の衝突・合体で起こりますが、微惑星自身も合体で成長していくので、衝突する物体のサイズは徐々に大きくなります。ですから、地球の形成の最終段階では、微惑星とは呼べないくらい大きな物体が衝突していたはずです。比較的大きな天体に大きな物体が衝突すると、大きな重力エネルギーが一挙に解放され、惑星の広範囲が高温になります。地球の形成の終盤に大きな物体が衝突したときには、1万℃を超える高温が発生したと考えられています。その結果、成長しつつあった地球や衝突した物体から多量の気体が放出されたでしょう。こうして気体として放出された物質が冷え固まって月ができました。

図4-1 惑星形成過程での衝突とそれによる加熱
惑星形成の後期には大きな物体がぶつかって、惑星表面は高温になりマグマ・オーシャンができた。

このとき、衝突物体にあった揮発性物質は気体になり大気や海洋ができた。

特に巨大な物体が衝突したとき、高温の気体が惑星の周りに飛び散り、それが冷えて固まり月ができた。

画像は想像図（Science Photo Library/アフロ）。


以上が、現在一般的に信じられている月の形成モデル（巨大衝突モデル）です（**図4－1**）。つまり、月は地球と独立に形成されたのではなく、地球の副産物として形成されたということです。したがって、月を加熱したエネルギーのほとんどは月自身のもつ重力エネルギーではなく、地球のもつ重力エネルギーだったというわけです。もし、地球と離れた場所で物質を集めて月ができたとしたら、それほど高温にはならず、マグマ・オーシャンを作ることは不可能だったでしょう。

巨大衝突と水の行方

巨大衝突が起こったとき、地球など衝突された惑星（および衝突してきた天体）がもつ水の行方を考えてみましょう。巨大衝突では、かなりの物質が1万度を超える高温になったはずです。そのとき、その物質に入っていた水はどうなったのでしょうか？

この問題は二つに分けて考えられます。まず、衝突によってできた高温の気体が宇宙空間に逃げてしまわないかという問題。次に、気体が逃げないとして、気体が冷えて凝縮物ができるときに水が失われないか、という問題です。

前者に関しては、玄田英典（げんだひでのり）と阿部豊の研究により、宇宙空間に逃げる水はごく少量であることが示されました。通常の条件では、ほとんどの物質が衝突された惑星の重力に束縛されるのです。また、後者に関しては、凝縮時に失われる水の量は、凝縮物が固体か液体かで大きな差があることがわかっています。液体（メルト）が凝縮する場合、あまり水は逃げませんが、固体が凝縮するときにはほとんどの水は宇宙空間に逃げます。この点は、第6章で月の水について考えるときに、あらためて詳しく取り上げます。

マグマ・オーシャンと惑星の水――阿部－松井モデル

マグマ・オーシャンは、惑星が取り込む水の量に大きな影響を与えます。マグマ（融けた岩石）には、鉱物に比べて大量の水が溶けるからです。もし惑星の元になった微惑星に水があれば、マグマ・オーシャンにもかなりの水が溶け込んでいたはずです。しかし、微惑星のもっていた水の量だけで惑星の水の量が決まるわけではありません。惑星がどのように水を取り込むかを理解するには、マグマ・オーシャンの表面にある原始大気の構造やマグマ・オーシャンの固化の影響などを考えねばなりません。

今、水を含んだ微惑星が次々に原始地球に衝突している様子を想像してみましょう。微惑星ができつつある惑星に衝突すると加熱され、微惑星に含まれていた揮発性物質が抜け出ます。この現象を衝突脱（だつ）ガスと呼びます。衝突脱ガスにより放出された揮発性物質の大部分は、地球の重力にとらえられます。こうして、成長しつつある惑星には、微惑星に含まれていたいろいろな温室効果ガス（水蒸気、炭酸ガスなど）を含む大気ができるのです。これらの気体分子のもつ温室効果のため、大気の温度は上昇し、やがて岩石が融け始めるほどの高温に達します。衝突する微惑星から解放される重力エネルギーと温室効果ガスの相乗効果により、形成後期の惑星の表面は完全に融けていたと考えられます。

このモデルでは、温室効果ガスを含む大気がマグマ・オーシャンの形成を助けます。また、マグマ・オーシャンには水が溶け込むので、大気とマグマ・オーシャンには相互作用があります。例えば、大気中の水（水蒸気）の分圧が増加するとマグマ・オーシャンに溶ける水の量が増加し、水蒸気量は減ります。一方、大気中の水の量が減るとマグマ・オーシャンから水が蒸発して、水蒸気の量が増えるはずです。いずれにしろ、大気中の水蒸気量をある平衡状態に保とうとする作用、すなわち「負のフィードバック」[注2]が生じるのです。このような負のフィードバックは、衝突脱ガスの効果を研究した阿部豊と松井孝典によって指摘されました。

彼らは、負のフィードバックの結果として、原始大気に存在する水の量は、微惑星に含まれた水の量に関係なくほぼ一定の値になることを示しました。そして、地球の場合のモデルではその一定値が現在の地球にある海水の量に近い値になると結論したのです。彼らは、原始大気に存在した水が、大気全体が冷えたときに凝縮して海を作ったと考えたのです。

阿部－松井モデルでは、マグマ・オーシャンの水の量が大気との化学平衡で決まると考えていましたが、実際のマグマ・オーシャン中には、より多くの水が含まれていた可能性があります。マグマ・オーシャンに溶け込みうる水の量は圧力、つまりマグマ・オーシャンの深さに依存するからです（圧力が高いほど多くの水が溶け込みます）。例えば、10気圧程度の大気がある場合、マグマ・オーシャンの表面では最大で０・１重量％程度の水しか溶けませんが、マグマ・オーシャンの深さ10㎞（圧力が３０００気圧）では、最大で８重量％の水が溶けます。衝突してくる物体はマグマ・オーシャンの深部にまで突入するでしょうから、到達する深さに応じて溶け込む水の量はさまざまだったはずです。

マグマ・オーシャンの水はどこへ？

阿部－松井モデルでは、マグマ・オーシャンに水が溶け込み大気中の水蒸気の量を調節する負のフィードバックが考えられています。一方で、マグマ・オーシャンにどれだけの水が入るのか、マグマ・オーシャンに入った水がどうなるのかは詳しく論じられていません。ここからは、マグマ・オーシャンに入った水の行方を考えていきましょう。

まず、地球くらいの大きさの惑星ができる場合、集まってきた物質のほとんどは重力によって地球に捉えられています。ですから、阿部－松井モデルで示されたように大気中の水蒸気量が一定値に落ち着くのならば、地球に集まってきた物質に含まれていた水の残りの部分は、ほとんどすべてマグマ・オーシャンに溶けたはずです。つまり、原始大気中の水の量（つまり海水の量）は地球を作った物質に含まれていた水の量に依存しませんが、マグマ・オーシャンに溶けた水の量は、地球を作った元になる物質の水の量に依存するのです。

では、地球を作ったマグマ・オーシャンに溶けた水は、その後どこへ行ったのでしょうか？

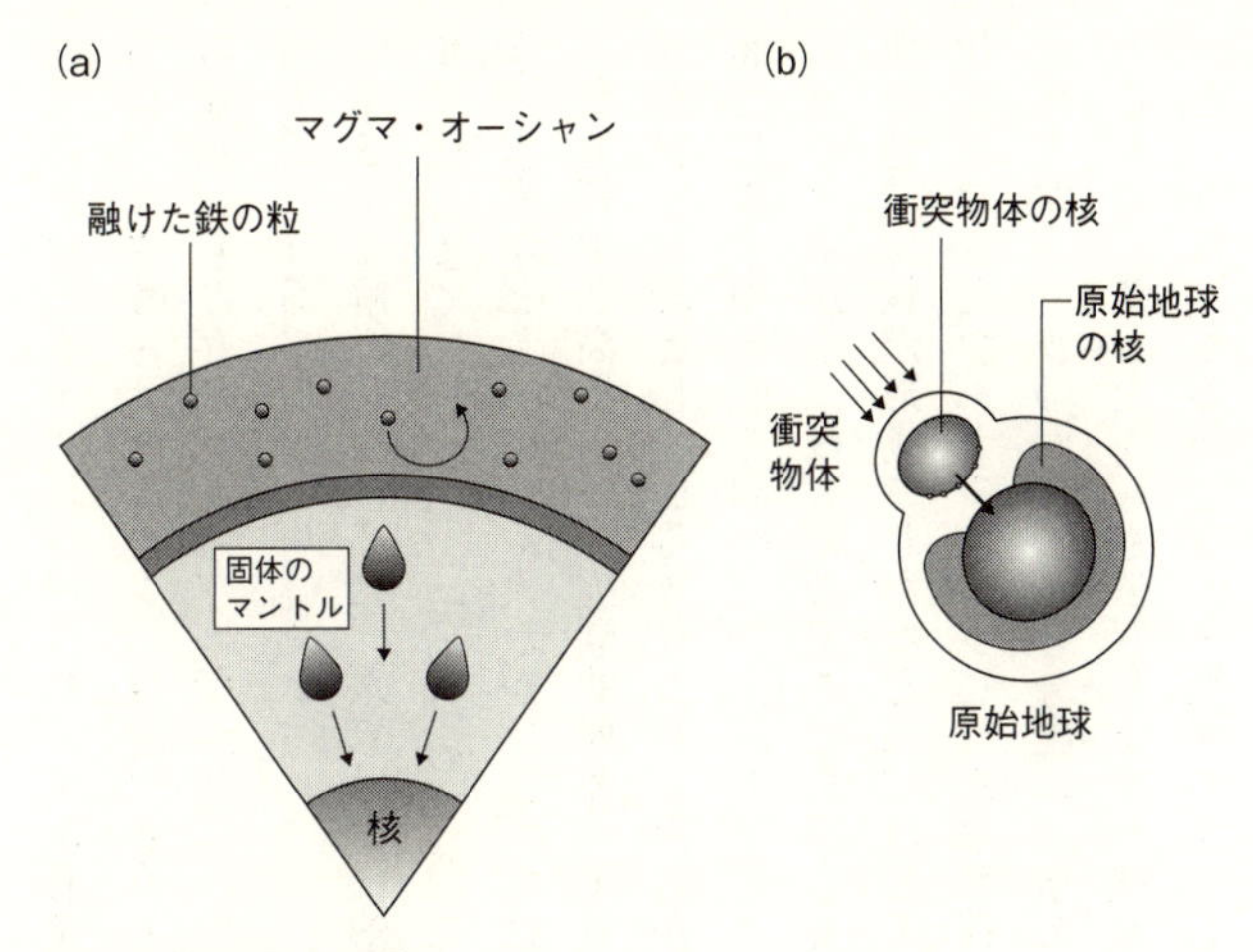

図4-2 核形成のモデル
(a)　マグマ・オーシャンの中で鉄とケイ酸塩がゆっくりと分離する場合。
(b)　衝突物体の核が直接、原始地球の核に合体する場合。

核の形成と水

地球の中心には、主として鉄からできた核があります。核は、重い鉄がケイ酸塩からなる岩石から分離してできたと考えられています。鉄と岩石（ケイ酸塩）の分離は、マントルにマグマ・オーシャンが存在する間に容易に起こります（**図4-2a**）。鉄とケイ酸塩が分離し核ができたとき、その他のいろいろな元素の分布も変わったはずです。鉄とケイ酸塩は化学的性質が大きく異なるので、鉄に溶け込みやすい元素（親鉄元素）は核に多く取り込まれるからです。

ある親鉄元素がケイ酸塩に比べてどれほど鉄に入りやすいかは、圧力（深さ）に依存します。したがって、核が形成された後のマントルに存在するいろいろな親鉄元素の量は、マグマ・オーシャンの深さに依存します。この事実をもとに、現在のマントルに残っている親鉄元素の存在度から、平衡が確立した圧力（マグマ・オーシャンの深さ）が推定でき、約1000〜1500㎞と考えられています。

第3章で解説したように、水素は鉄に溶けやすい元素です。しかし、水素（水）はケイ酸塩メルトにもよく溶けます。そのため、鉄とケイ酸塩メルト（マグマ・オーシャン）が共存するとき、水素がどちらに多く入るかは自明ではありませんでした。

奥地拓生と高橋栄一は実験的研究により、初めて、ケイ酸塩メルトと鉄が共存するときにも水素が親鉄元素として振る舞うことを明らかにしました。彼らはケイ酸塩メルトと（融けた）鉄の間での水素の分配を調べ、10GPa以上の圧力（現在の地球では約300㎞以深に相当）では、ほとんどの水素が鉄（核）に入ることを示しました。この結果を使うと、深いマグマ・オーシャンのある地球で核が形成されたならば、ほとんどの水（水素）は核に入り、マグマ・オーシャンが固化してできたマントルには少ししか水が残らないはずです。

核とマントルの間での水の分配は、核の形成時に、鉄とマントル物質がどの程度化学平衡を保ちながら分離したかにも依存します。核ができるときに鉄とマントル物質は完全に平衡状態にあった、と仮定する科学者が多数派です。しかし、私はマーシーとの共著論文で、鉄とマントル物質（ケイ酸塩）の大部分は非平衡のまま分離すると論じました。このように考えると、現在の地球のマントルにある非常に強い親鉄性をもつ元素（白金族元素）の分布を、後期ベニアなどを仮定せずにうまく説明できるのです。[注3]

では、鉄とマントル物質が非平衡のまま分離したとすれば、それはどのような場合でしょうか。地球形成の後期に衝突した比較的大きな衝突物体は、すでに鉄でできた核をもっていたはずです。これらの物体の核は、成長しつつある地球の核と直接合体した可能性があります（**図4－2b**）。特に大きな核をもった物体が衝突したときは、その可能性が高まります。この場合、核とマントルは完全な化学平衡にはならず、マントルに多量の水が残りえます。

このように、核の形成についてどちらのモデルを採用するかで、マントルに存在する水の量の見積もりが違ってきます。また、この二つのモデルで、核に入る水素の量も違ってきます。実際の核形成の際に鉄とケイ酸塩がどの程度非平衡で分離したのかは、よくわかっていません。ただし、次の章で説明しますが、現在のマントル内の水の量（分布）はいろいろな手法で推定できます。それらの結果から、核の形成過程についても何かわかるかもしれません。

マグマ・オーシャンの固化と高層大気からの散逸とのかねあい

地球ではその大部分の歴史を通して、その表面には液体の水（海洋）が大量にあり、大気中の水蒸気はほんの少量しかありません。当然、高層大気中にもわずかの水蒸気しかなく、高層大気から水（水素）が逃げる速度は非常にゆっくりです。一方、形成当初の金星の表面ではほとんどの水が水蒸気として大気中に存在するので、高層大気から相当量の水（水素）が宇宙空間へ逃げます。この地球と金星のちがいについては、ごく簡単なモデルで、水の相図を使って第3章で説明しました。

しかし、惑星の水（水素）が宇宙空間へ逃げる速さは、水（水素）が地表に供給される速さにもよります。いかに地球では水がゆっくりと逃げると言っても、水が地表に供給されなければ、やがて惑星上の水は無くなってしまうでしょう。最近、濱野景子（はまのけいこ）らは、惑星形成直後にマグマ・オーシャンが固化したとの仮定のもとで、大気中の水の挙動を調べました。マグマ・オーシャンが固化する速さと水（水素）が高層大気から逃げる速さのバランスで、惑星に多量の水が保持できるか否かが決められると考え、計算したのです。

彼らのモデルによると、マグマ・オーシャンが固化する速さは、その惑星と星（太陽）との距離に大きく依存します。太陽に近い惑星では、多量の温室効果ガスができ表面の温度が上がるため、マグマ・オーシャンの固化に長い時間がかかります。この場合、ほとんどの水が逃げてしまいます。逆に太陽から遠い惑星では、温室効果ガスは少ないので、マグマ・オーシャンの固化が速く、大部分の水を保持できると結論しました。第3章で解説したモデル（**図3－1**）にマグマ・オーシャンの固化の効果を加え、さらに定量化したモデルと言えるでしょう。

しかし、このモデルでは、マグマ・オーシャンの深部にあった水の行方は考慮されていません。次の項では、マグマ・オーシャンの深部の水の行方を考えてみましょう。

深部のマグマ・オーシャンの水の行方

マグマ・オーシャンはやがて固化し鉱物ができます。このとき、鉱物に溶け込む水も少しありますが、大部分の水はメルトに入ります。したがって、マグマの固化が進むにつれ、マグマの中で水の割合が増えていきます。最終段階のマグマには、鉱物に入りにくい元素（水素、希土類元素など）が濃集するのです。

マグマ・オーシャンの固結がどのように進行するかは、マグマ・オーシャンの温度分布と融点との関係で決まります。そこでまず、温度分布について考えてみましょう。マグマ・オーシャンの中では激しい対流が起こっているので、温度の深さ変化の割合は断熱温度勾配に近いはずです（対流が激しく起きているところでは物質が熱伝導の速さより速い速度で上下に運動するので、物質からは熱は逃げないまま圧力が変化します。このようなときに形成される温度勾配を断熱温度勾配と呼びます）。その場合、圧力（深さ）とともに温度は上がるので、マグマ・オーシャンでは深さとともに温度が上がります。一方、物質の融点も圧力とともに上がります。また、融点

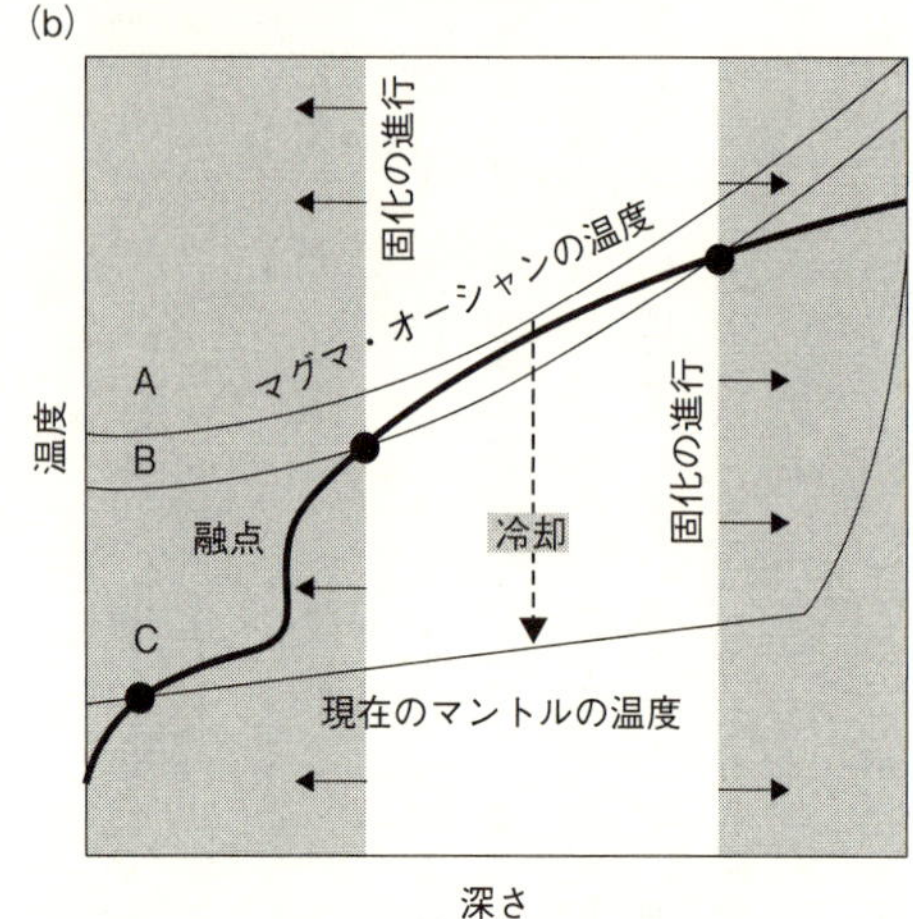

図4-3 マグマ・オーシャンの固化の仕方
影をつけた部分は温度がBのときにマグマのあるところ。
(a) 断熱温度勾配が一定の場合。
(b) 断熱温度勾配が深部で大きくなる場合。

はマントルで起こる相転移の影響も受けます。温度が融点を超えているところではマグマが存在します。融点以下では固体の岩石になります。

地球ができてから後は、温度は時間とともに下がります。そこで、融点と断熱温度分布の関係で、固化の進行の様子が決まるのです。**図４−３**に二つの例を示しました。古い実験結果によると断熱温度勾配は融点の勾配より小さいので、融点のほうが断熱温度より急激に深さとともに増加します（**図４−３a**）。この場合、マグマ・オーシャンが冷えて固化するとき、深部から順に固化していきます。最後に水を多く含んだメルトが地表近くで固化するので、大部分の水は地表に放出され大気や海洋に付け加わります。この例では、固化したマントルには少しの水しかないでしょう。

ところが、最近の実験的、理論的研究の結果から、圧力の高い、地球深部のマグマ・オーシャンでは断熱温度勾配が大きくなってくることが示唆されています。この場合、**図４−３b**に示したように、マグマ・オーシャンの固結は中間の深さから進行するはずです。この例でも浅いところでの固化の様子は古いモデルと同じですが、マントル深部での固化の様子は違ってきます。固化の最終段階で、マントルの深部に融け残りのメルトが存在するはずです。このようなメルトには、かなりの水が含まれているはずです。また、多量の鉄も含んでいるので周りの岩石より密度が大きく、マントルの深部に移動していきます。このメルトは現在も融けたままかもしれませんし、今では固化しているかもしれません。いずれにしても、マグマ・オーシャンが中間の深さから固化していく場合、マントル深部に多量の水が存在することが予想されるのです。

4-2 大気と海洋の形成

最初の大気

マグマ・オーシャンという概念に象徴されるように、形成されたばかりの地球などの惑星は（少なくともその表面付近は）高温であったという考えは、観測・モデルなどを総合して定説になりました。〈注4〉本書でもこの説を採用しましょう。もし惑星を作った物質（微惑星を作っている物質）に水などの揮発性物質が入っていたとすると、それらはまずマグマ・オーシャンに溶け込みます。マグマには揮発性物質が溶け込みやすいからです。

しかし、惑星はやがて冷えて、マグマ・オーシャンは固結します。この時期に多量の揮発物が地表に放出されるはずです。マグマ・オーシャンがどのくらいの時間で固結するかは、阿部豊やソロマトフなどによって計算されました。この時間はマグマ・オーシャンの規模や、大気の構造によって大きく変わりますが、大抵の条件で、たかだか数千万年程度です。これは地球の年齢（約46億年）に比べれば、非常に短い時間です。揮発性元素はマグマ・オーシャンが固結してできる鉱物には溶けにくいので、地表に放出されます。こうして、地球の歴史の初期に大気や海洋ができたと考えられます。

いろいろな観測事実から、大気や海洋がいつ頃できたかを推定することができます。その一例として、現在の大気中のアルゴン（Ar）の同位体比から推測する方法を紹介します。アルゴンには質量数が36の^{36}Arと、質量数が40の^{40}Arという同位体があります。^{36}Arは恒星内部における元素合成でできましたが、^{40}Arは主に放射性元素である^{40}K（カリウムの同位体）のベータ崩壊によってできます。実際、元素合成における^{40}Ar／^{36}Arの値は約０・０００１と推定されています。一方、現在の大気中の^{40}Ar／^{36}Arの値は２９５・５ですから、現在の地球の大気にある^{40}Arのほとんどは、地球内部にあったカリウムのベータ崩壊でできたものだとわかります。カリウムがベータ崩壊して^{40}Arを作る速さはよくわかっているので（半減期は12億５０００万年）、^{40}Ar／^{36}Arの値から大気が形成された年代が推定できるのです。浜野洋三と小嶋稔やフランスのアレグレらはこのような方法で、大気の形成年代を推定しました。どちらの研究も、大気のほとんどが地球の歴史の初期（形成後１億年以内）にできたことを示しています。

最初の海洋

海洋についてはどうでしょうか？　大気ができるのも海洋ができるのも、結局は衝突物体や初期地球からの脱ガスによるとしたら、この両者はほぼ同じ時期にできたはずです。実際、海洋も地球史の初期にできた証拠があります。しかし、海洋の場合は、^{36}Arと^{40}Arのような都合のよい同位体がないので、より間接的な方法でその歴史を推定しなければなりません。

その方法の一つは、古い大陸地殻（花崗岩）にわずかに含まれるジルコン（$ZrSiO_4$）という鉱物（**図4-4**）の化学組成を使うものです。この鉱物の結晶格子には、ジルコニウムイオン（Zr^{4+}）という大きな4価のイオンが占める場所があるのですが、そこにZr^{4+}と同じような性質をもつウランイオン（U^{4+}）をかなり含みます。ウランは放射性崩壊をして鉛になるため、ジルコン中には鉛の同位体が多量に存在し、いろいろな鉛の同位体の量比からジルコンのできた年代を決定できるのです。このような方法で、約43億年という非常に古い年代のジルコンが見つかりました（これらはほとんどオーストラリアで見つかっています）。

ジルコンには、ウランの場合と同じ理由でチタン（Ti^{4+}）も入っています。実験的研究により、ジルコン中のチタンの量は温度に依存することがわかっているため、その量は温度計として使え

図4-4 ジルコン
このような小さなジルコンの結晶に地球の初期の秘密が隠されている（Watson and Harrison, 2005）。縞模様は、この結晶がメルトからできて成長したときにできたもの。

ます。この温度計を使ってジルコンができたときの温度を推定すると、約７５０℃という結果が得られました。ジルコンはメルトから花崗岩ができるときに作られる鉱物ですが、この温度で花崗岩メルトを作るには多量の水が必要です。このことから、約43億年前にはすでに海水があったと推定されています。

このような研究が可能になったのは、イオンマイクロプローブという装置が開発され、小さな試料の化学組成（同位体比も含む）が測定できるようになったからです。この装置は、月の岩石中の水の測定にも使われました（第6章参照）。なんだか「風が吹けば桶屋が儲かる」のようなややこしい議論ですが、地球科学、特に地質学ではこのような議論を使わざるをえないことが多々あります。自然という女神は、そう簡単に正体を現してはくれないのです。

これらの研究の結果、大気も海洋も地球史のごく初期にその大部分ができたと考えられるようになり、現在、ほとんどの地球科学者がそう信じています。地球がいろいろな微惑星の衝突によって、高温状態を経て誕生したと考えれば、大変もっともらしい結論です。

固体地球と大気と海洋の進化

このような考えに従えば、「地球の大気や海水は地球形成直後にできた。その後の長い地質時代にわたって、初期にできた大気や海洋が、その組成や量をほとんど変化させずに地表に存在し続けた」というモデルが成立すると思われるかもしれません。ところがルービー（**コラム7**）は、酸素や二酸化炭素と鉱物の化学反応の速さを計算し、酸素や二酸化炭素がもし地球内部から大気へ供給されていないとしたら、地表付近の鉱物との反応で数百万年以内に無くなってしまうことを示しました（1951年）。

海洋についても、その化学組成は海水と鉱物の化学平衡では説明できません。つまり、地球の大気や海洋中の物質は鉱物と盛んに反応するので、地表と地球内部とのあいだで物質の行き来がない限り、大気・海洋・固体地球が何億年も安定に存在することはありえないのです。大気や海水が地質学的時間にわたって存在するためには、地球内部から水や炭酸ガスのような揮発性物質が継続的に供給（脱ガス）されなければなりません。

海水や大気の量や組成を説明するのに、二つの考え方があります。一つは、海水や大気は海底や地表にある鉱物と化学反応しているが平衡に達している、とするものです。すなわち、大気や海水が地球形成の直後にでき、そのままほぼ同じ組成と量を保ってきた、という静的なモデルです。もう一つは、海水の量や組成は海水の生成と消滅の速さのバランスで決まっている、という考えです。後者のモデルでは常に反応が進行するので、動的なモデルと呼べるでしょう。ルービーは、海水や大気の量や組成を議論するときには静的なモデルではなく、固体地球を含む全地球の物質循環を考慮した動的なモデルを考察する必要があると指摘しました。これは画期的なアイデアで、大気と海洋の量や組成を決める過程についての考察に、大きなパラダイム[注5]転換をもたらしたのです。

この二つのモデル（静的／動的なモデル）の違いを理解するために、身近なお風呂の例を考えてみましょう。まず、水漏れのないお風呂を思い浮かべてください。そこにある量の水を入れると、お風呂が少し変形して水を貯めます。この場合、お風呂が壊れない限り、水の量は一定です。これは静的なモデルの例です。次に、水漏れのある古いお風呂に水を入れる場合を考えましょう。この場合、何もしなければ水は無くなってしまうので、水の量を保持するためには水を供給する必要があります。水の供給の速さと漏れの速さが一致している場合には、水の量は一定に保たれます。しかし、水の供給の速さと漏れの速さが微妙に変化すると、水の量は大きく変化する可能性があります。水の量が安定であるためには、水の供給の速さと水の漏れの速さがうまくバランスしていなければならないのです。

ルービーは、地球にある大気や海水も、少し漏れのあるお風呂の中の水と同じように振る舞うと指摘したのです。この場合、大気や海水の量を一定に保つのは困難です。お風呂の場合、水道の栓の捻り具合を少し変えたり、水の漏れ方が変わったりすると、水があふれたり無くなったりします。同様に、大気や海洋はちょっとしたことでその量や組成が変化する、本来、非常に不安定なものなのです。

ルービーの考えは斬新かつ説得力のあるものですが、時代の制約もあって、動的バランスを決める過程についての考察は不十分でした。ルービーが考えたのは、火山活動による固体地球からの揮発性物質の大気や海洋への供給と、地表にある鉱物との化学反応による揮発性物質の消費でした。火山活動による固体地球からの揮発性物質の供給という過程は、現在の知識でいう中央海嶺における脱ガスに対応します。中央海嶺という概念はなかったとはいえ、脱ガスについての彼の考えはそれほど的を外してはいなかったのです。

しかし、大気や海水を消費する過程に関しては、彼の考えには大きな限界がありました。ルービーは地表での鉱物との化学反応（酸化反応と炭酸塩の形成反応）だけを考え、地球深部のことはほとんど考えていませんでした。現在では、地表での化学反応だけでなく、プレートの沈み込みによる水のマントルへの再供給が重要であると考えられています。彼が論文を書いた頃には、プレートテクトニクスの概念は生まれていなかったのですから、地球内部での過程を考えに入れられなかったのもやむをえません。

次章では、ルービーの時代にはよく理解されていなかったマントル対流、プレートテクトニクスという概念を説明しましょう。マグマ・オーシャンが固化した後の地球では、水の総量はほぼ一定に保たれてきました。このほぼ一定量の水をもった地球における、地質学的時間をかけたゆっくりとした水の循環が主なテーマになります。この段階での水の循環に大きな影響をもつのは全地球規模での物質の移動、つまり、マントル対流とマントル対流に伴う物質の融解です。

〈注1〉天体のもっている重力エネルギーは質量に比例し、半径に反比例します。ですから、月のもつ重力エネルギーは地球の約20分の1（4/80＝1/20）になります。

〈注2〉ある量が増えたときに、その量を減らすようなフィードバックがあるとき、これを負のフィードバックと呼びます。逆に、ある量が増えたときに、その量をさらに増やすようなフィードバックがあるとき、これを正のフィードバックと呼びます。負のフィードバックがあるとき、その量は安定な値を取りますが、正のフィードバックのときは不安定になります。第3章（**図3－1**）で解説した、惑星の大気の進化における表面の初期温度の役割は正のフィードバックの例です。

〈注3〉多くの科学者は、地球での白金族元素の分布や水の獲得を後期ベニア説（第2章、82ページ）で説明しています。この説では、大部分の地球ができた後にこれらの元素を都合のよい量だけもった物体が付け加わったというのです。しかし、私はこの考えはご都合主義的であり説得力があるとは思いません。

〈注4〉この説は、アポロ計画が実施されるまでは定説ではありませんでした。とくに、当時の地球惑星科学界の大御所であったユーリーは低温起源説を採用していました。驚かれるかもしれませんが、月のクレーターが微惑星の衝突によって形成されたという考えも定説ではなかったのです。対抗する説として、クレーターを火山とする考えもありました。アポロ計画での研究結果によって、マグマ・オーシャンや、衝突による月のクレーターの形成という考えが確立されたのです。

〈注5〉パラダイムとは、アメリカの科学史家、クーンが提唱した概念です。科学上のあるテーマについて、科学者の集団がもっている共通観念（思考様式）を意味します。クーンは、科学の発展が学説の正否の確認という単純な過程ではなく、科学者集団の共通観念（思考様式）の転換という、もっと社会学的な側面をもつことを強調しました。

(Image credit：Lunar and Planetary Institute, Houston, Texas)

コラム 7

ルービー

(William Rubey, 1898-1974)

ルービーはアメリカの地球科学者。主に米国地質研究所に勤務し、幅広い地質学的調査を実施し、その結果を物理的に解釈して、多くの問題に貢献しました。本書との関係でもっとも大事なのは、大気や海洋の起源について考察した1951年の論文です。今から66年も前の論文ですが、地球形成初期にマグマ中に溶けた水の行方や、その後の長い地質時代での水の収支について重要な考察がなされています。

この他にも、断層に水が存在すると滑りが容易になり、地震が起きやすくなることを指摘した研究が有名です。これは現在でも、地震活動を議論するときに鍵になる概念です。

ルービーはその業績に対して、アメリカで科学者に与えられる最高の栄誉であるナショナル・メダル・オブ・サイエンスをジョンソン大統領（当時）から授与されています。

水は地球内部をどう循環しているか

ほとんどの惑星ではマントル対流が起こり、内部の物質はゆっくりですが大循環をしています。マントル対流にはいろいろなスタイルのものがあること、プレートテクトニクスは非常にまれなタイプのマントル対流であることを学び、プレートテクトニクスと水の循環について考えます。

この章では、地球などの惑星ができてから数億年後以降のことを考えます。すでに激しい微惑星の衝突は止んで、マントルのほとんどの部分は固体になっています。大気と海洋もできていたはずです。惑星形成直後よりずっと穏やかな時代になり、惑星にある水の総量はほぼ一定とみなせます。

しかし、この長い地質時代を通じて海洋や大気がじっと変わらずに地表に存在していたわけではありません。固体地球との相互作用を通じて、大気や海洋はその量や組成をゆっくりとですが、変化させてきたのです。この長い地質時間での水の循環に大きな影響をもつのは、全地球規模での物質の移動、つまり、マントル対流とそれに伴う物質の融解です。

マントル対流と岩石の融解に関する知見は、この数十年間に、多くの進歩がありました。現在では、マントル対流が存在すること、地球ではそれがプレートテクトニクスというスタイルで起こっていることが明らかになっています。プレートテクトニクスはマントル対流の一つの様式なのですが、非常に限られた条件でだけ起こるということもわかってきました。実際、プレートテクトニクスが起こっているのが確認されている惑星は地球だけです。

この章ではまず、マントル対流の起こる条件といろいろな様式について説明します。次に、マントル対流の様式と水の循環について解説します。その中で、地球形成後ほぼ40億年にわたって、水がどのように地球内部を循環し、表面にある海水の量を決めてきたのかを考えます。特にマントル対流に伴う物質の融解がどこで起こるか、融けた物質（メルト）と岩石がどのように分離していくのかが重要です。

5-1 地球型惑星内部での物質の大循環――マントル対流

マントル対流とは？

地球型惑星の内部（ここでは主にマントルを考えます）は岩石でできています。「不動の大地」と言われるように、岩石は堅くて動かない（変形しない）ものの代表のように思われていますが、岩石も高温になればゆっくりとですが流動します。地質学的な時間では、高温の岩石は水飴のような粘性流体として振る舞うのです。そこで、惑星の中で粘性流体として振る舞う物質（岩石）がどのように動くのかを考えてみましょう。

形成期を除くほとんどの期間で、惑星は表面が低温で深部が高温という温度分布をもちます。物質は熱膨張するので、その密度は温度によって変化します。したがって、低温の表面にある物質ほど密度が大きく、この重い物質は惑星内部に沈み込もうとします。この沈み込みには粘性流体としてのマントルが抵抗するので、物質が沈み込む速度は粘性率に反比例します。また、物質は沈み込むにつれて、周りの高温の物質によって温められます。そのため、あまりゆっくり沈み込んでいると、冷たい物質は周囲と同程度まで温められ、沈み込みは止まってしまいます。つまり、沈み込みが継続しマントル対流が実現するには、沈み込みの速さが物質の温められる速さよりも大きくなければなりません。この条件が満たされている場合、表面付近の冷たい物質が高温の深部に潜っていき、深部の温かい物質が低温の表面へ上昇するという物質の循環が起こるのです。このような重力による物質の循環を対流と呼び、地球型惑星のマントルで起こる対流をマントル対流と呼びます。

ほとんどの地球型惑星でマントル対流は起こっている

マントル対流の起こる条件は、マントル物質の粘性率だけでなく、惑星の大きさにも強く依存します。それは次のような理由からです。先に述べたように、対流が起こるか否かは、物質の沈み込みの速さと、物質が温められる速さとのかねあいで決まります。沈み込みが熱伝導より速く進むと対流が発生するのです。このどちらの速さも、移動する物質のサイズ（つまり惑星の大きさ）に強く依存します。惑星が大きくなると沈み込む物質のサイズも大きくなり、重力の効果が増して、より速く沈み込みます。一方、物質のサイズが大きくなると、温められるのに時間が長くかかります。したがって、惑星のサイズが大きくなると、物質の上下運動の速度は増し、熱伝導の効果は小さくなるので、対流が起きやすくなるのです。

　この理論を最初に定式化したイギリスの物理学者レーリーに因(ちな)んで、この二つの過程の速さの比をレーリー数と呼びます。レーリー数がある値を超すと熱伝導の効果が相対的に小さくなり、対流が起こるのです。下から温められている（または上から冷やされている）流体層の場合、レーリー数は層の厚さの三乗に比例し、粘性率に反比例します。したがって、対流が起こるか否かは、粘性率と流体層の厚さに強く依存するのです。例えばお椀の中の味噌汁が対流を起こすには（お椀の深さを10㎝とすると）、粘性率が約1Pa・s以下（Pa・s〔パスカル・秒〕は粘性率の単位。1Pa・sは1パスカルの応力が加わったとき、毎秒1のひずみを伴う流れが起こるような流体の粘性率）と非常に小さい必要があります。一方、約3000㎞の厚さをもつ岩石層である地球のマントルの場合、粘性率が10^{24}Pa・s以下であれば対流が起こるのです。[注1]

　マントル物質の粘性率は、岩石の流動についての実験結果や、いろいろな地学現象の解析から推定できます。このような推定に使われる地学現象には、大きな氷床が融けた後のゆっくりとした地殻変動や、地震後の地殻変動などがあります。こういう現象では、数年から数千年をかけてゆっくりと変形が進みます。このような現象の解析からマントルの粘性率を推定でき、その値は10^{18}〜10^{22}Pa・s程度とされています。場所や深さによって粘性率は大きく変わるのですが、どの値を取っても、対流が起こるための限界値（＝10^{24}Pa・s）よりは小さく、地球でマントル対流が起こっているのはまちがいありません。他の惑星では同じ方法は使えませんが、温度や圧力などからおおよその値は推定でき、ほとんどの地球型惑星でマントル対流が起こっていると考えられます。

5-2 プレートテクトニクス

地球ではマントル対流はプレートテクトニクスという様式で起こっています。まずプレートテクトニクスというモデルの成立の歴史とプレートテクトニクスの特徴をまとめておきましょう。そして、実はプレートテクトニクスは当たり前の現象ではなく、とても限られた条件で起こるものだということも説明します。

プレートテクトニクスという現象が地球上で確認される鍵となったのは、海洋地域での地形や地磁気、重力の観測です。それまでの地質学では陸の地質にその焦点が当てられていましたが、海洋地域に眼を移すことで大きな突破口が開けたのです。その他にも物質の磁性（じせい）の研究、同位体を使った年代測定法の開発、それらを使った地球磁場の歴史の研究、などが非常に大きな役割を果たしました。さらに地震の発生メカニズムの研究など、多くの分野の成果の総合として、プレートテクトニクスというモデルが成立したのです。

プレートテクトニクス説への準備——海洋底拡大説

鉄や磁鉄鉱のような物質は常温では磁化（じか）をもちますが、ある温度以上になると磁化を失います。この現象はピエール・キュリーが発見したので、この温度をキュリー点（またはキュリー温度）と呼びます。磁鉄鉱などの地球科学で重要な物質のキュリー点は1950年代には測定され、300℃から500℃程度であることが明らかにされました。岩石が高温の状態から冷えてこの温度以下になると、岩石に含まれる磁性鉱物がそのときの地磁気を記録するのです。そして、いったん記録された磁化は、その後の環境の変化に対してかなり安定であることも、実験的に確認されました。このような磁性鉱物の性質を、同位体を使った年代測定の結果と組み合わせることで、過去の地球では磁場の向きが何度も逆転していたことが、やはり1950年代には明らかになっていました。

また、第二次大戦の後、アメリカのコロンビア大学に所属するラモント・ドハーティー研究所（1949年に設立）の研究者によって、大規模な海洋の探査が行われました。その結果、まず、海洋には中央海嶺という巨大な山脈があることがわかりました。これは1950年代初期のことで、プレートテクトニクスモデルの成立において非常に重要な発見でした。海溝の存在は第一次大戦直後から知られていましたが、中央海嶺はかなり後になって発見されたのです。海嶺は陸から遠く離れているため、またその地形が海溝に比べてなだらかなために、発見が遅れたのです。さらに、1950年代後期から1960年代初期にかけて、北西インド洋や北大西洋で、海洋底の地磁気の異常が中央海嶺に平行な縞模様をしていることも見出されました。

イギリスのヴァインとマシュウズ、そして彼らとは独立にカナダのモーリーがこれらの事実を組み合わせ、地磁気の縞模様の成因を以下のように解釈しました〈注2〉。

「中央海嶺では、地球内部から高温（およそ1300℃）の物質が地表に上がってきて冷やされる。岩石に含まれる磁性鉱物は温度がキュリー点以下になると、そのときの地球の磁場に対応した磁化をもつ。地球の磁場はその向きが時々変わるので、岩石の磁化の方向はその冷やされるタイミングに応じて逆転する。中央海嶺で上昇してきた新たな物質がつけ加わると、すでにあった物質は海嶺から離れていく（海洋底の拡大）。その結果、ちがった向きの磁化をもつ岩石が水平方向に移動していくので、地磁気の縞模様ができる」

というモデルです。当時、提案されたばかりの海洋底拡大説の確認です。

プレートテクトニクスと物質の循環

ヴァインとマシュウズやモーリーの研究の以前に、海溝から海洋底が地球内部に潜り込んでいることを示唆する観測結果がいくつか得られていました。例えば、海溝付近でたくさんの地震が起こること（時には数百㎞という深部でも地震が起こること〔和達清夫（わだちきよお）、１９２８年〕）、海溝の陸側に多くの火山があること、また、重力の大きな異常が海溝に沿って帯状に分布していること（ヴェニング・マイネス、１９３４年）などです。中央海嶺での物質の湧き上がりと海溝での物質の沈み込みを統一的に説明するために、「プレートテクトニクス」というモデルができたのです。それは、

「中央海嶺で湧き上がった物質が海洋底で冷却され、堅くなり、ほとんど変形しない『プレート』となる。そのプレートは地表を水平に移動し、海溝で再び地球深部に戻る。この物質循環によって、地表上では多くのプレートが動き、それらの相互作用によって多くの地学現象が起こる」

というものです。

先に述べた地磁気の縞模様の存在に加えて、海洋底の年代測定の結果がプレートテクトニクスモデルの決定的な証拠になりました。海洋底の試料の年代を測定した結果、プレートテクトニクスのモデルで予測されるとおり、中央海嶺から遠ざかるにつれて年代が古くなることが、定量的に実証されたのです。このモデルで、それまで別々に説明されていた、地震、火山、造山運動な

ど地球上のほとんどの地学現象が統一的に説明できるようになりました。まさに、地球科学の歴史における最も革命的なモデルの誕生でした。

この革命は、１９６０年代半ばから１９７０年代前半にかけての短い期間に一気に起きました。以上に強調したように、プレートテクトニクスは定量的な予言（予測）が可能で、定量的に検証されたモデルです。これは地質学の歴史では大変珍しいことで、その点でプレートテクトニクスはユニークなモデルといえます。

プレートテクトニクスという様式の物質循環は重要な特徴をもっています。それは、プレートテクトニクスが起こっている惑星では、惑星内部の物質が海嶺で地表面に出ていき、表面の物質の一部が海溝から惑星内部に戻っていくという点です。惑星内部と表面で活発な物質の循環があるのです。これは大気や海洋の進化を考えるとき、とても重要になります。次節で説明しますが、プレートテクトニクスと違った、惑星内部と表面の物質循環があまり盛んでないスタイルのマントル対流もあります。

5-3 他の惑星でのマントル対流

地球以外の惑星の地質活動をどのようにして調べるのか？

先に述べたように、ほとんどの地球型惑星でマントル対流が起こっていると考えられています。また、地球ではプレートテクトニクスという様式の物質循環が起こっています。そうすると皆さんは、地球のような惑星ではプレートテクトニクスが起きるのが当たり前、と思われるかもしれません。これを確かめるために、他の地球型惑星を調べてみましょう。

他の惑星でプレートテクトニクスが起こっている（いた）かは、どのような観測をすればわかるでしょうか？　これには、人工衛星などを用いたリモートセンシングの結果（地形、重力、磁化の異常など）を使う方法があります。プレートテクトニクスが起こっている場合、岩石の変形はプレート境界に集中するので、何か線状の地形や重力の異常が認められるはずです。実際、地球を宇宙から観測すれば、中央海嶺や海溝などの線状の異常域が（海で覆われているため、観測はやや難しいですが）見出されます。もし他の惑星でプレートテクトニクスが起こっていれば、その証拠が見つかるはずです。

惑星の地形を使った研究の中には、クレーターの密度にもとづく地質活動の歴史の推定という方法があります。クレーターは惑星形成の最終期に大量に形成されましたが、その後は形成頻度が減ったので、クレーター形成の後に地質活動がある惑星ではその密度は減っていきます。したがって、現在のクレーターの密度から、惑星の地質活動の歴史がある程度推定できるのです。このような研究法をクレーター年代学と呼んでいます。アメリカのハートマンが考案した方法です。[注3] 新しい時代にプレートテクトニクスのような地質活動が起こっていれば、クレーターの密度は低いはずです。

プレートテクトニクスが確認されている惑星は地球だけ

これらの方法は太陽系のすべての地球型惑星（火星、水星、金星）と月に適用されましたが、どの惑星（月も含め）でもはっきりしたプレートテクトニクスの証拠は見つかっていません。中でも意外だったのは、金星の観測結果です。金星は地球とほぼ同じ大きさの惑星です（質量は地球の81・5％、半径は地球の95％）。大きさは惑星の性質を決める重要な要素ですから、金星では地球と同じような地質活動が起きていると予想されていました。さらに、金星は表面温度が地球より450℃ほど高いこともわかっていました。温度が高いと岩石は流動しやすくなるので、金星は地球より地質活動が盛んであろうと、多くの研究者が推定していたのです。

この予測に反して、1990年に実施されたアメリカ航空宇宙局（NASA）によるマジェラン計画での観測によって、金星は地球に比べてはるかに地質活動が穏やかだと結論されました。金星には地球のような線状の地形や重力異常は見当たらないうえに、表面が無数のクレーターで覆われていることがわかったのです。

もし、金星で最近活発な地質活動があったとすれば、クレーターの多くは消滅しているはずです。これらの証拠から、金星にはかなり長い期間、激しい地質活動がなく、プレートの沈み込みのような現象もないと結論されます。また、クレーターの密度から、この静穏な期間が数億年続いていることも示されました。数億年が経過すると、地球では太平洋の海底の全体が数回マントルに沈み込みますから、金星の地質活動はいかに不活発かがわかります。また、金星の地形と重力の関係も詳しく測定され、金星の表面近くの層（リソスフェア）は地球に比べ堅く、変形しにくいと結論されました。堅く、変形しにくいリソスフェアは潜り込みにくいので、プレートテクトニクスが起きていないのだと推測されます。

他の地球型惑星（火星、水星）でもプレートテクトニクスの起こっている証拠はほとんどありません。唯一火星では、年代の古い地域の一部で地球と同じような縞状の磁気異常が見つかっています。これは、火星ではその初期にプレートテクトニクスのような現象が起こっていた可能性を示唆しますが、決定的な証拠ではありません。結局、プレートテクトニクスが起こっていることが確認されているのは地球だけです。他の惑星では、表面が動いている痕跡がほとんどないのです。つまり、プレートテクトニクスはどの地球型惑星でも起こるわけではなく、むしろ、地球に特有の現象といえます。

ではなぜ、地球でだけプレートテクトニクスが起こっているのでしょうか？　この問題を考えるため、プレートテクトニクスが起こるための条件について考えてみましょう。

プレートの沈み込みは難しい

プレートテクトニクスが起こるには、(1)中央海嶺における惑星内部の物質の地表への上昇と、(2)海溝での表面物質（プレート）の沈み込み、という二つの現象が必要です。このうち、中央海嶺での物質の地表への上昇は一種の火山活動で、熱く軽い物質が地表に出てくるというものなので、何も不思議ではありません。熱い物質は流動しやすいので、地表まで上昇するのにそれほど大きな抵抗は受けないからです。しかし、冷たくて堅い物質（プレート）が惑星内部に戻っていくのは、そう簡単ではありません。プレートが惑星内部に戻っていくには、プレート自体が変形しなければならないからです。また、プレートが潜り込むとき、周りの物質による摩擦抵抗にも打ち勝たねばなりません。プレートが堅すぎれば変形が難しいので、惑星深部へは戻りえないでしょう。同様に、摩擦抵抗が大きすぎる場合もプレートが沈み込むことはできません。こういう場合、表面の物質は常に表面にとどまり、惑星内部の変形しやすい領域だけでマントル対流が起こるでしょう。つまり、プレートの沈み込みがどれだけ困難かによって、プレートテクトニクスが起こるかどうかが決まっているはずです。この限界を決めるプレートの平均強度は約１００MPa

です。

実際、プレートテクトニクスが提案された直後の１９７０年代半ばにも、プレートがなぜ沈み込みうるのかが問題にされていました。プレートテクトニクス理論の確立に貢献した一人であるイギリスのマッケンジーも、この点を議論した一人です。しかし、これは「アカデミックな問題」、つまり、詮索好きの学者が議論するどうでもよい問題と考えられていたらしく、長い間、さほどの進歩はありませんでした。この問題がより真剣に検討されるようになったのは、惑星探査によって、地球以外の惑星ではプレートテクトニクスが起こっていないこと、特に地球と類似した惑星と思われていた金星でプレートテクトニクスが起こっていないことが明らかになったとき（１９９０年）からでした。

見過ごされていた「不動殻対流」

プレートテクトニクスが地球だけに特有な現象だということがわかってくると、なぜ地球だけでプレートテクトニクスが起こるのかを理解したくなります。プレートは定義上ほとんど変形しない岩盤なのですが、プレートが地球内部に戻っていくときには変形しなければなりません。一方、プレートがあまりに柔らかいと、プレート自身が大きく変形し、「プレート」としては振る舞いません。つまり、通常は変形しにくいが、ある条件では局所的に変形するという、ちょうど

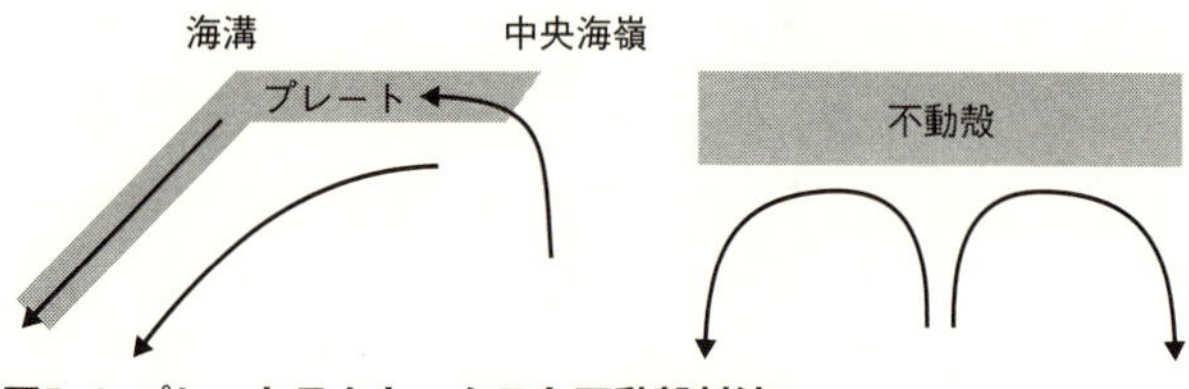

図5-1 プレートテクトニクスと不動殻対流

都合のよい条件をプレートが満たしている場合だけ、プレートテクトニクスが起こるわけです。

プレートが変形しにくいというのは、言わば当たり前のことです。プレートは表面付近にあるので温度が低く、岩石は低温では大きな変形をしにくいからです。一方、惑星深部は高温なので粘性が低く、対流しているはずです。そこで、惑星表面の物質は対流に巻き込まれず、マントル深部だけが対流するのが、マントル対流の最も普通のスタイルだと予測できます（**図5-1b**）。この様式のマントル対流は不動殻対流（これはスタグナントリッド〔stagnant lid〕対流の訳語です）と呼ばれています。

簡単な対流の研究では、一つの粘性率をもつ流体層を考え、この層が上から冷やされたり、下から温められたりしたときに対流が起こるかどうかを検討します。ところが、地球のような惑星では、粘性率が一定という仮定はとても現実的ではありません。表面付近は温度が低いので、粘性率は高温の深部より何桁も大きいはずです。ソロマトフらは、表面付近で粘性率が大きな流体層の対流の様式を理論的に調べました。

この研究の結果は、以下のようにまとめられます。第一の場合、つまり、表面の粘性率が深部の粘性率とあまり変わらない（粘性率の比が1に近い）場合、対流によって流体のほとんどの部分が変形します。味噌汁で起こる対流と同じで「プレート」は存在しません。第二の場合、つまり、表面の粘性率が深部の粘性率よりはるかに大きい場合、表面はほとんど動きません。対流は、粘性率の低い深部でだけ起こる不動殻対流になります。以上の結論は、当たり前のことを述べただけ、と思われるかもしれませんが、ソロマトフ等の研究が発表されるまでは、誰も真剣にこの様式の対流を検討していませんでした。

第三の場合、つまり、表面が少しだけ堅い場合、表面が限られた領域で深部に潜り込む現象が見られます。これはプレートテクトニクスに近い現象です。この理論で、プレートテクトニクスがなぜまれにしか見られないのかが説明されたのです。これはマントル対流の研究における大きな進歩でした。

地球ではプレートテクトニクスは起こらないはず？――実験結果との矛盾

ここまでくると、私たちは、なぜ地球でプレートテクトニクスの起こる条件が満たされているのか？　という問題を考えたくなります。この問題に答えるのに、まず、海洋プレートの物質の

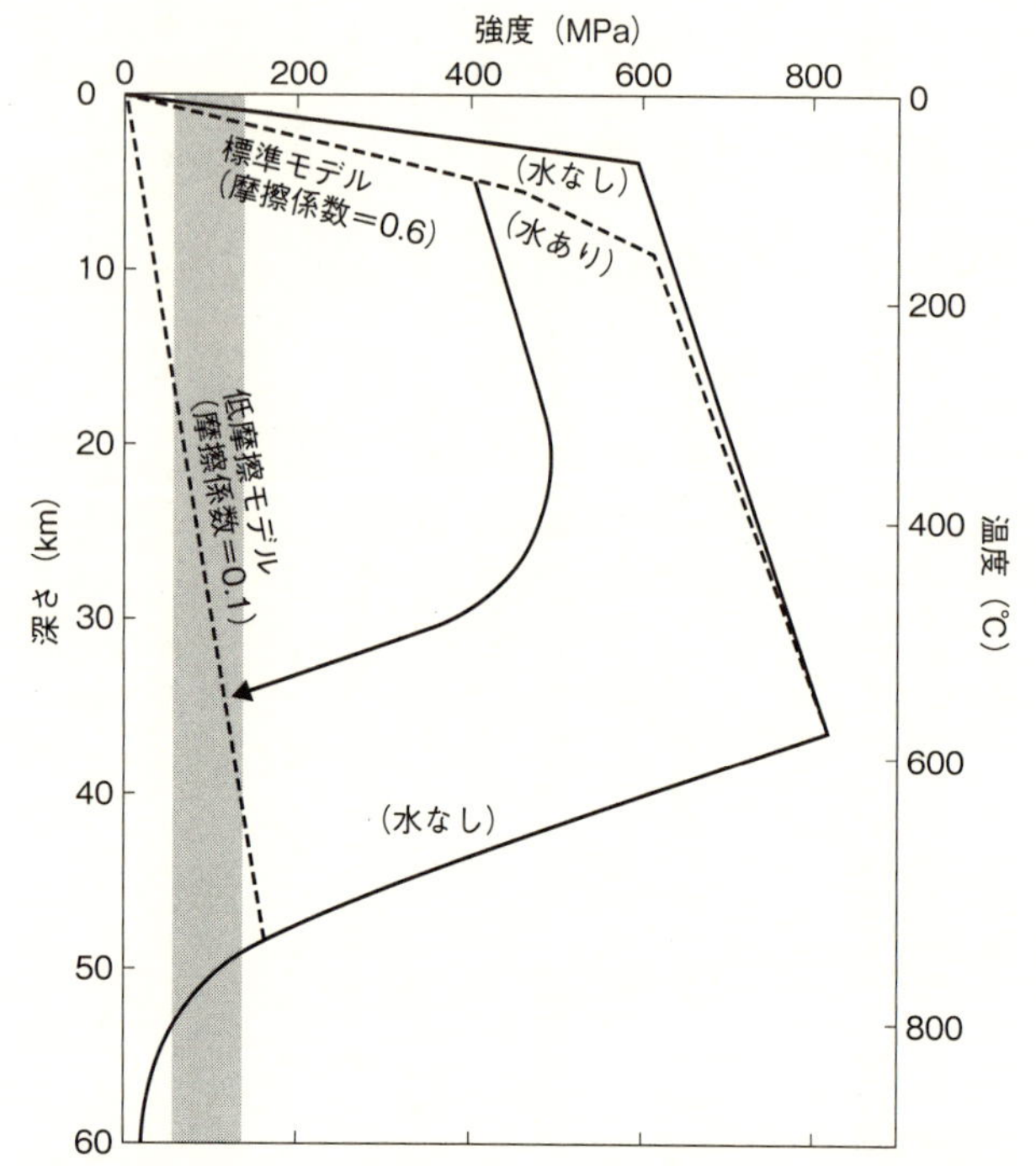

図5-2 海洋プレートの強度モデル（Kohlstedt et al., 1995を改変）
図中の灰色の部分はプレートテクトニクスが起こるための強度の上限。
標準モデル（摩擦係数＝0.6）ではプレートは堅すぎ、プレートテクトニクスは起きないが、摩擦係数を0.1にすればプレートテクトニクスが起きうる。

強度についての実験室での研究結果を見てみましょう。

図５−２に、岩石の変形実験に基づいて推定された（地球の）海洋プレートの強度と深さの関係を示しました。まずは「標準モデル」をご覧ください。標準モデルでは浅い部分の強度は摩擦で決まると考え、摩擦係数として、実験的によく知られた０・６という値を採用しています。また、断層面には水が存在していると仮定されています。一方、深い領域では鉱物の塑性変形に対する抵抗で強度が決まっていると考えます。この領域では、鉱物に溶けた水素の効果は考慮されていません。それは、すぐ後（１８３ページ）で説明するように、海洋プレートの鉱物には少しの水素（水）しかなく、水の効果はそれほど大きくないからです。

ですから、この図の標準モデルは、海洋プレートの強度を、浅い部分での断層面にある水の効果も含めて、まずよく表していると考えていいでしょう。ところが、この結果によると、海洋プレートは平均して数百MPa以上という高い強度をもつことになります。これはプレートテクトニクスが起こるための海洋プレートの強度の上限、約１００MPaを大きく上回ります。そこで、この海洋プレート強度の標準モデルを採用すると、（地球では）プレートは変形しえず沈み込みが不可能であり、地球ではプレートテクトニクスは起こらないという困った結論が導かれます。

地球ではプレートテクトニクスが起こっているのですから、実際の地球の海洋プレートはこの図で示したモデルよりずっと柔らかいはずです。何か、この標準モデルでは考慮されていない因子が、地球の（海洋）プレートを弱くしているらしいのです。この一方で、金星ではプレートテクトニクスは起きていないのですから、金星のプレートは堅いはずです。そうすると、この因子は、地球のプレートを柔らかくしているが、金星のプレートは柔らかくしていないということになります。その因子は何でしょうか？　この問題を地球と金星を対比させながら考えてみましょう。

断層運動と塑性変形――プレートの強度は何が決めているか？

プレートの強度は浅いところでは断層運動への抵抗で、深いところでは塑性変形に対する抵抗で強度が決まっています。ですから、プレートの強度を標準モデルより下げるには断層運動への抵抗力を下げるか、塑性変形への抵抗力を下げればよいわけです。この両方のメカニズムについていろいろな強度低下のモデルが提案されてきました。しかし、塑性変形での強度を下げるメカニズムについては定量的なことがよくわかっておらず説得力のあるモデルはできていません。そこで、ここでは断層運動への抵抗を考えてみましょう。

断層運動と摩擦

まず、断層運動への抵抗とは何かを解説しましょう。岩石に低温、低圧で力を加えると破壊します。この破壊はたいていの場合、断層面に沿って起こります。断層はある値以上の力が加わると動きますが、それ以下では動きません。プレートの浅いところにはこのような断層が既に存在していて、何らかの理由である程度以上の力が加わると、既に存在していた断層に沿って岩石が滑り変形をする、その結果、浅い部分のプレートが変形するのです。

そこで、浅い部分のプレートの強度は断層に沿って起こる滑り運動への抵抗力、つまり断層面の摩擦抵抗で決まっています。摩擦抵抗は断層面に加わる圧力に比例し、その比例係数は摩擦係数と呼ばれています。実験的研究によると摩擦係数は岩石の種類によらないほぼ共通の値（約０・６）が得られています。ゆっくりした摩擦滑りの場合、常温から数百℃の範囲では、摩擦係数は温度にもあまり依存しません。そこで、標準モデルでは摩擦係数として、この値が採用されているのです。実は流体（水）が存在するとき、ここで述べた圧力は有効圧力（＝圧力－流体圧）に置き換えられ、有効圧力が減るので摩擦抵抗は減ります。標準モデルでもこの有効圧力の効果は考慮されているのですが、それでも摩擦係数として、０・６という値を採用するとプレートは堅すぎるのです。

一方、**図５−２**の「低摩擦モデル」で示したように、摩擦係数が何らかの原因で標準の値から０・１程度にまで下がれば、塑性変形への抵抗が下がらなくても、プレートの平均強度が低くなりプレートテクトニクスが起きえます。摩擦係数が標準的な値より小さくなる可能性はないでしょうか？

含水鉱物が摩擦係数を下げる？

摩擦係数はほぼ一定と言いましたが、摩擦係数が小さくなる可能性がいくつかあります。その一つは含水鉱物の効果です。摩擦係数は岩石（鉱物）の種類によらないほぼ普遍的な値をとるのですが、断層面に含水鉱物がある場合は例外で、摩擦係数が小さくなる可能性があります。

しかし、このメカニズムがもっともらしいかどうかは明らかではありません。含水鉱物の一つである滑石（かっせき）が断層面にある場合、摩擦係数が0・1程度になるという実験結果もありますが、他の含水鉱物である蛇紋石では、摩擦係数はそれほど小さくなりません。さらに断層面のどこにでも含水鉱物があるかどうかは明らかではありません。海洋プレートの上面には含水鉱物があることは間違いありませんが、深部にまであるかはわかっていません。プレートテクトニクスが起こるためには、プレート自身も変形しなければなりません。そのためにはプレートのかなり深部（約30㎞）まで摩擦係数が小さくなっていなければならないのですが、海洋プレートの深部まで含水鉱物があるかどうかは疑問です。

温度は間接的に摩擦抵抗に影響する？

残る可能性は地球と金星の表面温度の差です。第3章で説明したように、地球と金星では大気の温度が大きく違っています。これが摩擦係数を変化させる可能性はないでしょうか？

先に、実験室での研究によると岩石の摩擦係数は岩石の種類によらずほぼ一定で、温度にもそれほど依存しないと述べました。ところが、この結果は断層運動がゆっくり起こっている場合にだけ正しいのです。断層が地震などの際のように高速で滑る場合、摩擦熱によって断層面で岩石が融け、摩擦係数が0・1程度まで低下します。これは嶋本利彦（しまもととしひこ）らによって明らかにされました。

一方、断層の運動がゆっくりとしたものなのか、高速まで加速されるのかという問題は、地震の発生と関連しているので詳しく研究されています。その結果、高速の断層運動（つまり地震）は温度が低い場合にだけ起こることがわかっています。金星の場合、表面の温度が高いのでプレートでは高速の断層運動は起きませんが、地球では温度が低いので高速の断層運動が起きます。そして、断層運動が高速で起こるときには摩擦係数は小さくなっているのです。

そこで、地球でプレートテクトニクスが起こり、金星で起こらないことの理由は、この二つの惑星の表面温度が違うからだという考えも成り立ちます。この説では、地球でプレートテクトニクスが起こっているのは地震があるからであり、金星では地震が起こらないはずだということになります。

水の影響は間接的？

こう説明すると、水の有無はプレートテクトニクスの有無にそれほどの影響はないようにも思われるかもしれません。けれどもよく考えると、この金星と地球の表面温度の違いも、根本的には水の振る舞いで決まっていることがわかります。このモデルでは、惑星の表面温度がプレートテクトニクスが起こるかどうかを決めています。そして、金星と地球で表面温度が違っているのは、太陽放射で決まる温度と水の三重点の温度との関係が、この二つの惑星で違っているためです。そこで結局、間接的にですが、水は地球でプレートテクトニクスが起きうる条件を整えた、しかし、一方で水は金星ではプレートテクトニクスが起こらない条件を整えた、と言えるのです。

ただし、表面温度が低くても惑星内部があまりにも低温だと、表面付近のマントル物質の粘性率が大きくなりすぎ、やはりプレートテクトニクスは起きません。月や水星、火星などはこの例だと考えられます。

では、プレートテクトニクスは水の循環にどのような影響を与えるでしょうか？ まずは、プレートテクトニクスの起こっていない、金星のような惑星を考えましょう。この場合、地表面の物質は数億年はじっとしています。深部の物質はマントル対流で循環していますが、地表にはほとんど顔を出しません。そのため、マントルと地表との物質の循環は非常に限られています。これと比べて、プレートテクトニクスが起きている地球のような惑星では、マントルと地表を巻き込む大規模な物質の循環があります。以下ではとくに水に注目して、プレートテクトニクスによる物質循環の様子を考えていきましょう。

海洋プレートの誕生と脱水

プレートテクトニクスが起きている場合には、中央海嶺の下で温かい物質が上昇してきます。上昇に伴って圧力が低下するので、その物質の融点は下がり、岩石が一部融解しメルトができます。中央海嶺の下での部分融解は、深さ70㎞程度より浅い部分で主に起こります。融解が起きると、もともとマントル物質に入っていた水の大部分はメルトに入り、地表（海底）に到達します。融け残りの岩石からはほとんど水がなくなり、この堅い岩石が海洋プレートになります（**図5－3a**）。

メルトは地表で固化し、玄武岩になります。メルトに入っていた水のほとんどは、メルトが固

(a)

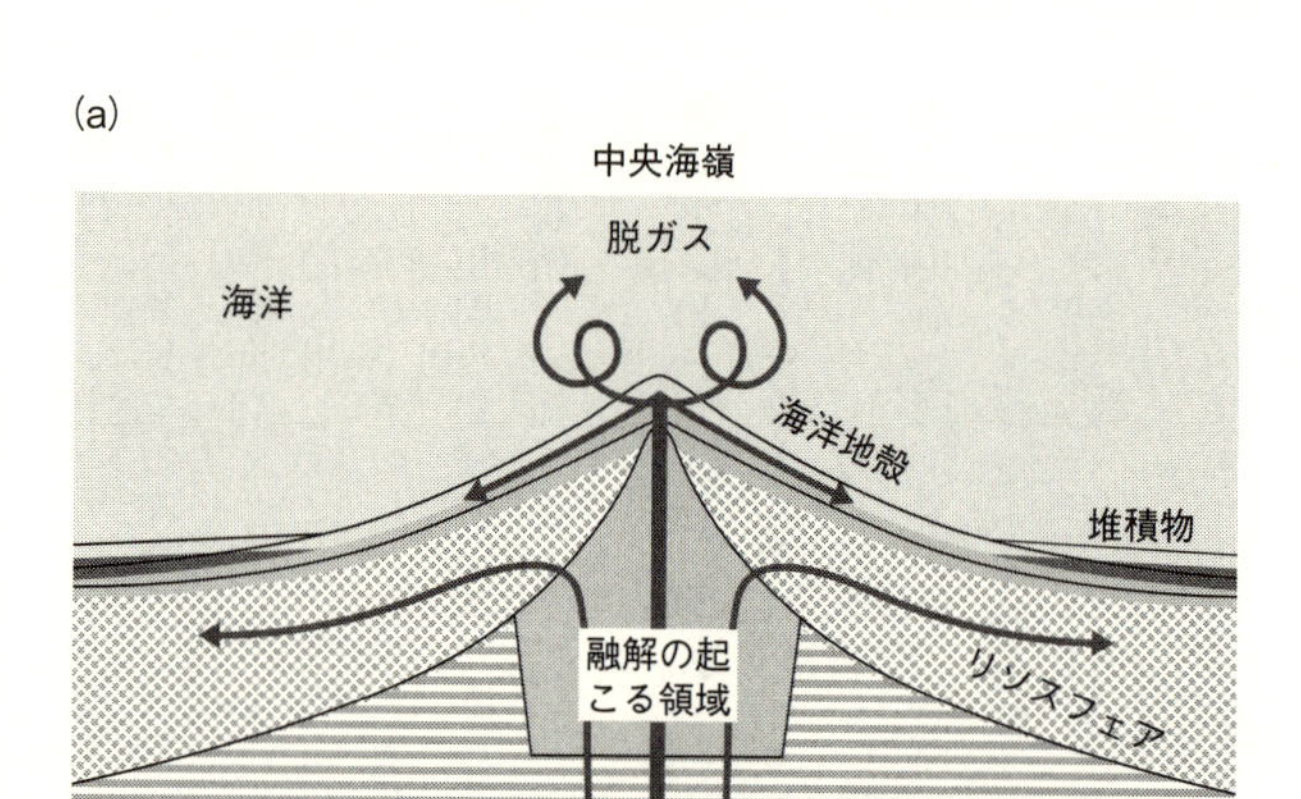

(b)

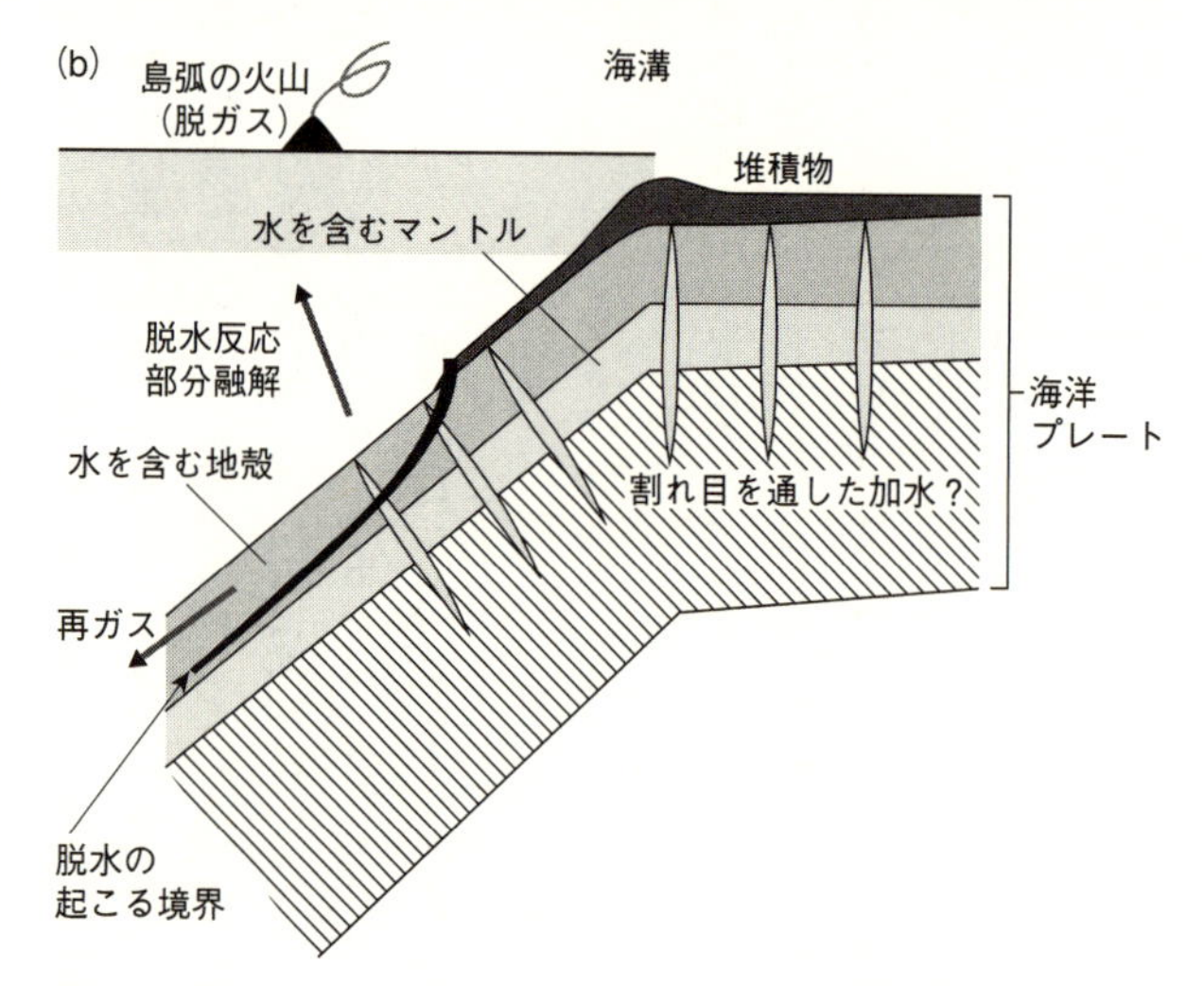

図5-3 海洋プレートの形成と沈み込みにおける水の挙動（Karato, 2015）

(a)　中央海嶺での脱水と、プレート表面への水の付加。

(b)　海溝でのプレートの沈み込みに伴う水の挙動。

化するときに放出され、海洋に付加されます。このようにして、中央海嶺ではマントルにあった水の一部が海洋（および大気）に付加されるのです。このような、マントルから水などの揮発物質が地表に放出される現象を脱ガスと呼んでいます。

脱ガスの速さは、マントル対流で物質が中央海嶺へ上昇する速さ、マントル物質に含まれる水の量、マグマに溶けた水が地表に出てくる効率などによって変化します。多くのモデルでは、マグマに溶けた水は全て地表に放出されると仮定して、脱ガスの速さを計算しています。マントル物質が中央海嶺へ上昇してくる速さ、マントル物質に含まれる水の量は比較的よくわかっているので、この仮定が正しい限り、脱ガスの速さはかなりの信頼度をもって計算できます。そして、その結果はおおよそ10^{11}kg／年です。これはかなりゆっくりしたもので、この速さで現在の海洋に匹敵する量の水をマントルから取り出すには１００億年くらいかかります。

ただし、原始地球ではもっと速い脱ガスが起きていたと推定されます。例えばマクガバーンとシューバートのモデルでは、地球史の初期には脱ガスの速さは10^{13}kg／年程度だったと計算されました。この速さであれば、1億年程度で海洋の形成が可能です。また、第4章で説明したように、地球形成の初期には、衝突脱ガスによって大量の水が衝突物体から取り出され、大気や海洋が短時間で形成されたと考えられています。

海洋プレートはどれだけの水をもっているのか？

海洋プレートは海溝で地球内部に沈み込みます。その上面にあった水に富む物質も地球内部へ戻っていきます。どれだけの水が地球深部にどの程度の速さで運ばれるのでしょうか？　この疑問に答えるには、まず、海洋プレートにどれだけの水があるのかを知らねばなりません。中央海嶺でできた海洋プレートの中心部にはほとんど水がありませんが、プレートの表面の物質には、海洋から水が加わります（**図5－3a**）。多量の水を含んだ堆積物がたまるだけでなく、表面付近の岩石中の鉱物が海洋との反応で含水鉱物に変わっていくのです。この含水鉱物を作る化学反応は、中央海嶺付近での熱水の循環によって促進されます。これを熱水変成作用と呼びます。こうして、海洋プレートの上面には水に富んだ物質が増えるのです。

水を含んだ海洋プレートが地球深部に沈み込んでいくと、その水の一部はマントルに戻っていきます。これを再ガス（これはリガッシング〔regassing〕の訳語です）と呼びます。再ガスの起こり方は脱ガスに比べて、よくわかっていません。よくわからない理由はいろいろあります。再ガスの速さは沈み込んだ海洋プレートがどれだけの水をもっているのかに依存します。中央海嶺付近での熱水変成作用については、比較的よくわかっています（私もガラパゴス島の近くで行われたこのような研究に参加しました）。海底掘削研究や、海底からの熱流量の測定などから、熱水がどの程度の深さまで浸透しているかわかるのです。これらの結果から、海洋プレートの海底から約５㎞の深さまで熱水変成作用が影響していると考えられています。

その他に、プレートの表面付近が割れて水が染み込む可能性もあります（**図５－３ｂ**）。例えば、海溝近くで海洋プレートは変形します。この変形に伴いプレートの上面には張力が働くため、割れ目が発達し、それに沿って水が入る可能性があるのです。このような場合に水がどの程度深く染み込むかは、大変重要な問題です。というのは、深く染み込んだ水は容易に脱水されないので、プレートとともにマントル深部まで運ばれ、全地球規模での水の循環に大きく貢献するからです。しかし、どの程度染み込むかはよくわかっていません。そのせいで、海洋プレートがもつ水の量の見積もりは、研究者によって10倍以上も開きがあります。

海洋プレートと一緒に潜り込んだ水はどこに行くのか？

また、水をある程度含んだ海洋プレートが沈み込んだとき、水がどこまでマントル深部に運ばれるのかもよくわかりません。沈み込んだ水のかなりの部分は、マントルの浅いところでプレートから脱水し、火山を作りマグマとともに表面へと戻ります。日本列島などにある火山の多くは、このようにしてできたものです。しかし、プレートの表面から深くまで染み込んだ水は簡単には脱水せず、マントル深部まで運ばれるでしょう（**図５－３ｂ**）。

リュプケたちはこの問題を理論的に検討し、沈み込んだ海洋プレートが水をどれだけマントル深部まで運ぶかを研究しました。彼らは、海洋プレートにあった水がどの程度の深さまで運ばれるかは、潜り込むプレートの年代に強く依存することを示しました。古いプレートは冷たく重いので速く沈み込み、脱水はあまり進行しません。つまり、古いプレートは水をマントル深部まで運ぶのです。一方、若いプレートは軽いのでゆっくりとしか沈み込まず、周囲のマントル物質によって温められてすぐに水が放出されてしまいます。したがって、若いプレートはあまり深くまで水を運べません。

脱ガスの速さと再ガスの速さのバランスで海水の量が決まっていることは確かです。しかし、特に再ガスの速さがよくわかっていないので、海水の量が地質時代を通してどのように変化してきたかを推定するのは困難です。再ガスの速さの推定が難しいのは、そもそも海洋プレートにどれだけの水があるかがよくわかっていないためです。次に、海洋プレートにある水の量がわかっていたとしても、そのうちどれだけの割合がマントル深部まで運ばれるかも不明です。そのため、再ガスの速さの推測には研究者によって大きな開きがあり、大きい値を採用すると(2〜3)×10^{12}kg/年くらいで、現在の海洋にある水は数億年くらいで完全になくなってしまう、という結論になります。

中央海嶺での脱ガスの速さと海溝での再ガスの速さが、うまくバランスしていない可能性もあります。もしバランスしていないとすれば、数億年で海水がなくなったり、海水が地表を覆い尽くしてしまったりするはずです。実際の観測結果はどうなっているのでしょうか？　この問題についてては次の章で、いろいろな観測事実を見ながら考えます。

地球物理学的モデルと地球化学的モデルの矛盾

海洋プレートは海溝からどこまで沈み込むのでしょうか？　これは、水がマントルのどの程度深部まで運ばれているかを知るために重要な疑問です。プレートの沈み込みの様子は、地震波トモグラフィー〈注4〉で追跡できます。

沈み込んだプレートは周りより温度が低いので、その内部では地震波速度が大きくなります。一方、中央海嶺の下など温かい物質があるところでは、地震波の速度が小さいはずです。地震波トモグラフィーを使った研究によれば、このような場所や深さによる地震波速度の違いが観察できます。場所による温度の違いは対流のパターンに対応しているので、地震波トモグラフィーからマントル対流のパターンが見えるというわけです。

地震波トモグラフィーの結果から、以下のような結論が得られました。多くの海洋プレートはマントルの中間の深さ（遷移層）に達すると、大きく変形しています。つまり、潜り込んだ海洋プレートはマントル遷移層で潜り込みへの抵抗を強く受けているようです。しかし、ほとんどの潜り込んだ海洋プレートは、最終的にマントル最下部まで達しています。実際、マントルの最深部の地震波速度を見ると、太平洋を囲むように分布する海溝の地下に、速度の大きな領域があることがわかります。このことから、沈み込む海洋プレートは、遷移層で多少の変形をこうむってはいるものの、マントル最下部まで達し、対流のパターンは基本的にはマントル全体の物質を巻き込むものであると考えられます。

一方、化学組成の面から地球内部を研究してみると、下部マントルの物質と上部マントルの物質は主要成分の組成は似ていますが、微量元素の組成は違っています。微量元素の中でも、岩石が融解したときに鉱物にあまり入らない不適合元素は、上部マントルより下部マントルに多く存在しているのです。また、上部マントルと違って、下部マントルの組成は場所によっても大きく違います。この化学組成の違いを最も簡単に説明するのは、上部マントルと下部マントルでそれぞれ独立に対流が起きている、とする二層対流モデルです。このモデルでは上部マントルと下部マントルの物質は混ざらないので、違った組成を維持できます。

このように、地震波トモグラフィーから推定される全マントル対流という事実と、地球化学的観測から推定される上部マントルと下部マントルが違う組成をもつという事実は、一見矛盾します。この矛盾をどう解決するかが、ここ数十年の地球科学の大きな課題になっています。

遷移層の水フィルターモデル——深部マントルでの融解

このパズルを解決する一つのモデルを、私たちが提案しました（２００３年）。このモデルでは、対流は全マントル規模で起こっていると仮定します。そして、下降流はプレートの沈み込み帯（海溝）付近に集中しており、上昇流はマントルの他の部分でほぼ一様に起こっていると考えました。中央海嶺下における物質の上昇は、広がっていくプレートの隙間を埋めるためにやむを得ず起こるというわけです。このモデルでは、マントルのほとんどの領域で物質はゆっくりと上昇していることになります。これは大方の地球科学者の考え方と一致します。このようなモデルを採用すると、中央海嶺がしばしば大きく移動することなど、いろいろな観測事実をうまく説明できるからです。

私たちは、普通の全マントル対流のモデルと違う仮定を加えました。それは、マントルの物質が上昇してきて遷移層から上部マントルに入ったときに、部分融解するという点です。この部分融解は、遷移層にある限度以上の水があれば起こります。第3章で解説したように、遷移層の鉱物と上部マントルの鉱物には、水の溶解度に大きな差があるからです。さらに、こうしてできたメルトは周りの岩石より重い、という仮定も加えました。メルトは鉱物より圧縮されやすいからです。

上昇する物質がマントル遷移層から上部マントルに入ったときに部分融解が起こると、鉱物に入りにくい元素（不適合元素）がメルトに濃集し、部分融解の残りの岩石ではそれらの元素の量

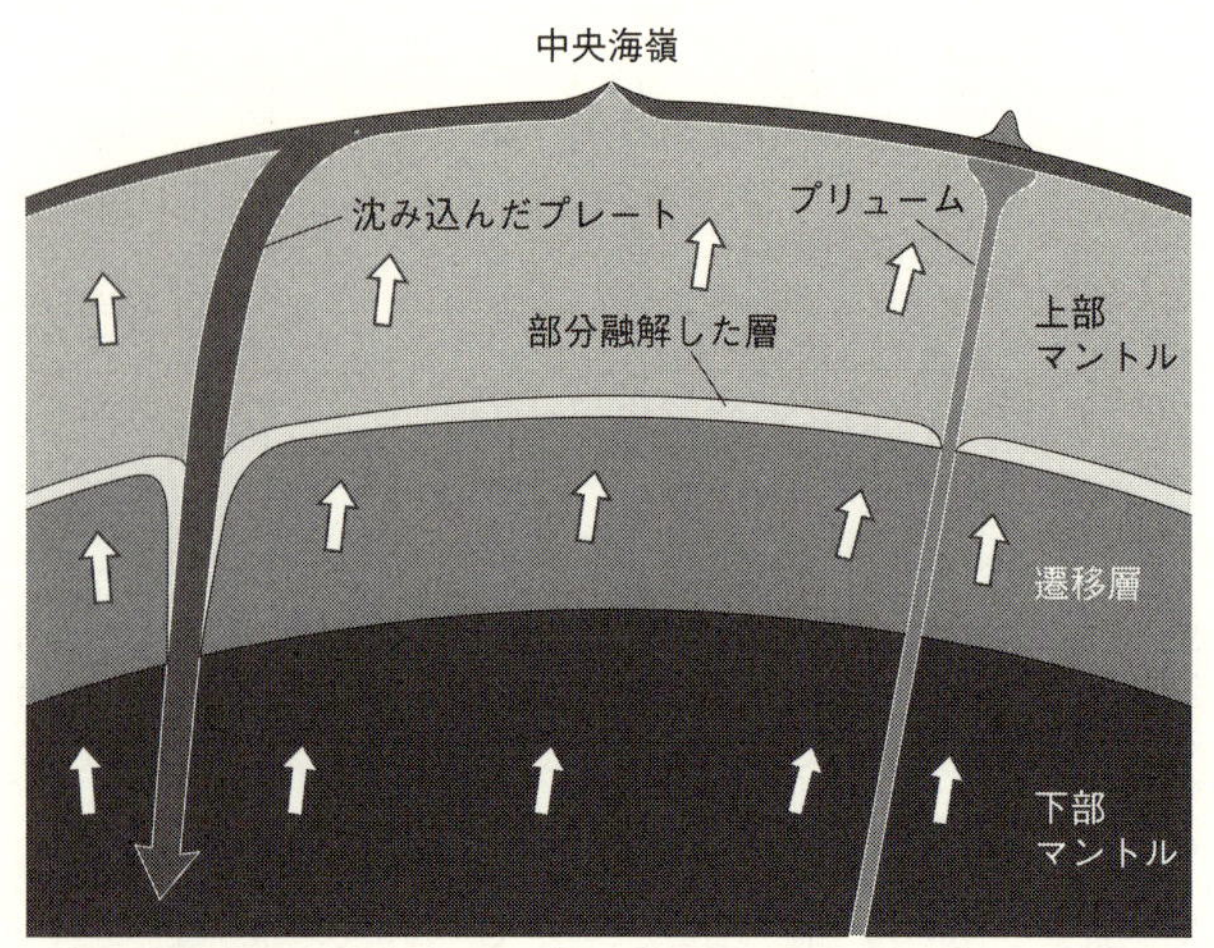

図5-4 遷移層の水フィルターモデル(Bercovici and Karato, 2003)

が減ります。そして、その岩石はさらに上昇し、上部マントルの物質になります。したがって、上部マントルの物質に含まれる不適合元素は比較的少量であるはずです。一方、メルトはより多量の不適合元素を含んでおり、また、重いために上部マントルまでは上がってきません。つまり、遷移層及びそれより深いところに、多量の不適合元素をもった物質が取り残されるわけです。その結果、上部マントルは比較的少量の不適合元素を含み、深部マントル(遷移層と下部マントル)はより多量の不適合元素を含むという層構造ができるはずです(**図5-4**)。

遷移層付近で起こる部分融解は水のせいで起こるので、できるメルトの量は水の量によって決まっており、ほんの少しです(もとの岩石の

０・１〜１％程度)。ですから、この部分融解では、マントル物質の主成分元素の組成はほとんど変わりません。大きく変わるのは、メルトに入りやすいが鉱物には入りにくい不適合元素の量だけです。このモデルは、全マントル対流が起こっているという地球物理学的観測と、上部マントルと深部マントルとで微量元素の組成が大きく違っているという事実を、統一的に説明できます(地震波トモグラフィーでは、主成分元素の挙動しか見えません)。

また、水素も不適合元素の一種ですから、上部マントルに存在する水素は深部マントルより少量だと予測できます。このモデルでは、遷移層から上部マントルへ上昇する岩石が水のせいで部分融解を起こし、不適合元素が取り除かれることを主張しているので、「遷移層の水フィルターモデル」と呼ばれています。

遷移層の水フィルターモデルの検証

このように、遷移層の水フィルターモデルはいろいろな事実をうまく説明する有力なモデルですが、多くの仮定の上に成り立っていることも事実です。そのため、このモデルについての論文は『ネイチャー』という雑誌に掲載されたのですが、「仮説」というカテゴリーで発表されました。

このような多くの仮定を含む仮説を提案した場合、その仮定の妥当性を一つ一つ丹念に検証していかねばなりません。このモデルから想定できる予測を実際の観測結果と照らし合わせて、予測の確からしさを検証していく必要があります。観測結果がモデルからの予測と矛盾すれば、その仮説は正しくないと結論できるのです。[注5]

このモデルの中で、もし遷移層に多量の水があれば、物質が遷移層から上部マントルに入ったときに融解するという部分は、よく知られた実験的事実に基づいています（第3章）。しかし、部分融解を起こすのに十分な量の水が遷移層にあるかどうかは、私たちがモデルを提案した時点ではわかっていませんでした。この仮定の妥当性を確かめるため、私たちは電気伝導度の研究を行い、マントル遷移層の水の量を推定しました。その結果は次章で解説します。同様に、遷移層と上部マントルの境でできたメルトが岩石より重い、というのも仮定の一つでした。この仮定を検証する実験は、私の実験室で行いました。その結果は、第3章で説明したとおりです。また、私たちだけでなく、多くの研究者がこのモデルの検証に挑戦しました。例えば、（少量の）メルトが遷移層と上部マントルの境界に存在するかどうかを、地震学的観測によって確かめる研究がなされました。これらの研究の結果は次の章で解説します。

融解は水の循環に影響する

岩石に含まれるいろいろな不純物の中で水素（水）の役割は特別です。例えばサマリウム

（Sm）などは普通の岩石には1重量ｐｐｍ以下しか入っていないので、融解などの性質にはほとんど影響を与えません。このようなほんの微量しかない元素では、岩石が融解しても、岩石とメルトそれぞれへの溶解度に応じてその分布が変わるだけです。微量にしか存在しない元素の挙動は水素よりずっと簡単なので、地球化学者は、地球内部でのいろいろな地質学的過程（特に部分融解）の忠実な指標として利用してきました。

水（水素）はそうではありません。水の分布が融解で変わるだけでなく、融解の条件が水の量で変わってくるからです。水はサマリウムなどの微量元素に比べ多量にあり（後で説明しますが、水は100から1000重量ｐｐｍ程度あります）、水の存在量が岩石の融点や融解でできたメルトの量を変化させます。この水と融解との密接な関係によって、マントル内の水の量が調節されている可能性があります。

その例の一つとして、水の巨大な貯蔵庫であるマントル遷移層について考察してみましょう。遷移層から上部マントルへ岩石が上昇するとき、遷移層の水の量がある限界を超えていると岩石は融解し、岩石から水が抜けます。ところが、遷移層の水の量がある限界値より小さいと、遷移層の岩石が上部マントルに移動しても融解は起きません。ということは、遷移層の水はある限界まではどんどん増加することができるのですが、その限界以上にはならないということです。このようにして、岩石中の水の量は自動的に調節され、一定値近くで保たれている可能性があります。

核からマントルに水素は運ばれるのか？

最後に、核の水素について解説しましょう。第3章で、核は最大の水素の貯蔵庫でありうると解説しました。ですから、核を無視して全地球の水循環を議論するわけにはいきません。さらに、核にどれだけ水素が入るかは核の形成過程に依存することも説明しました。実際、核にどれだけの水素が入っているかはよくわかっていませんが、鉄が水素を多量に溶かしうることはよく知られています。同じように、鉄は炭素も多量に溶かします。一方、下部マントル物質が溶かしうる水素や炭素はほんの少しです。したがって、核には下部マントルに比べて多くの水素（や炭素）が入っているだろう、と想像するのは自然なことです。

このような推測に基づいて、水素（や炭素）は核からマントルに供給されているとする議論がよく見られます。ある元素が核にマントルより多く入っていれば、その元素は核からマントルへと移動するだろうという考えです。自然な考えと思われるかもしれませんが、この議論は正しくありません。それは、水素や炭素の溶解度の低い下部マントルでは、ほんの少量しかないそれらの揮発性元素が飽和に達していると考えられるからです。一方、核にはこれらの元素が相当量入っているでしょうが、飽和には達していないと考えられます。その場合、核-マントル境界では、水素などの軽元素は、核での濃度のほうがマントルでの濃度より高くても、マントルから核へ移動していくはずです。

この点を理解するために、わかりやすい例で説明しましょう。全体に占める空隙の体積の割合が異なる二つのスポンジが接している場合を考えましょう。一つ（スポンジA）は1％の空隙、もう一つ（スポンジB）は10％の空隙をもつスポンジです。いま、スポンジAには1％のインクが入っているとし（つまり空隙はインクで飽和）、スポンジBには5％のインクが入っているとしましょう。この二つのスポンジが接したら、インクはどのように流れるでしょうか？ もちろん、スポンジAからスポンジBへ流れます。スポンジBのほうが保持しているインクの量は多いのですが、スポンジBの空隙はインクをもっと吸収できるので、AからBへ流れるのです。もうお気づきのように、インクでいっぱいになったスポンジAは下部マントル、半分だけインクの入ったスポンジBは核に、そしてインクは水（水素）に対応します。

このように、核が揮発性元素をマントルより多量に含んでいても、揮発性元素はマントルから核へと移動するはずなのです。核の一番浅いところには地震波速度の小さい領域があるのですが、この領域は、マントルから揮発性元素（軽元素）が染み透ってきた結果としてできたのかもしれません。

以上、マントルでの水の循環の仕方について、いろいろな考え方（モデル）を解説してきました。皆さんもお気づきのように、いろいろな因子が影響する地球惑星科学的現象を説明するには、多くの仮定が必要です。そこで、いろいろな考え方（モデル）の妥当性を検討するには、観測結果と照らし合わせなければなりません。次の章では、観測からどんなことがわかっているのか解説しましょう。

〈注1〉常温での水の粘性率は約10^{-3}Pa・s、ハチミツの粘性率は約10Pa・sです。ですから、お椀の中で味噌汁（粘性率は水より少し大きい程度）は対流しますが、ハチミツでは対流は起こりません。地球のマントルはこれらの物質に比べて桁違いに大きな粘性率をもっていますが、そのサイズが大きいため対流が起こるのです。

〈注2〉この考えは1963年に独立に提案されました。ヴァインとマシュウズの論文は『ネイチャー』誌に採択され有名になりましたが、モーリーの論文は『ネイチャー』には採択されませんでした。モーリーの説はその後、1967年になってから無名の雑誌で解説されました。

〈注3〉ハートマンは月の成因についての巨大衝突（ジャイアント・インパクト）説の提唱者でもあります。

〈注4〉一般に、2次元的な測定結果から3次元的構造を推定する方法をトモグラフィーと呼びます。この方法が最初に使われたのは医学で、人体にX線を照射しその吸収を測定し、体の異常部分の3次元的分布を推定するのです（CTスキャン）。地震波トモグラフィーもこれと似た方法で、地表に分布した観測点で取られた地震波のデータから地球の3次元構造を推定します。

〈注5〉意外に思われるかもしれませんが、ある仮説が正しいことを観測によって証明することはほとんど不可能です。別の仮説でも同じ観測を説明できるかもしれないからです。これはオーストリア出身の科学哲学者、ポッパーが指摘しました。一方、仮説の否定は可能であり、科学は、観測と矛盾する仮説を消去していきながら、一歩一歩進歩していくのだという考えです。

地球、月、惑星の水

科学者はいろいろな方法を使って、地球や他の惑星の内部にはどれだけの水があるのかを調べています。地球だけでなく月、小惑星などにある水のことがわかってきました。地球の内部には海水の数倍以上の水があるらしいのです。

前の二つの章では、地球（惑星）の形成とその後の地質学的時間をかけた進化において、水がどのように振る舞うのかを概説しました。そこで述べたように、惑星形成時の水の獲得とその後の水の循環については、一義的な推測が困難です。水の獲得や循環に関わるプロセスには、簡単な物理化学の法則に従う必然的（決定論的）な部分もありますが、巨大衝突など、まれにしか起こらない、偶然的（確率論的）な要素も含まれるからです。したがって、いろいろなモデル（仮説）を考案することと合わせて、観測に基づいてモデルの妥当性を検討していくことも重要です。

この章では、モデルの妥当性を検討するときに鍵となる、地球や惑星内部の水分布についての最新の知識を解説します。そして、惑星の形成からその後の進化の過程での水の振る舞いについてどこまで確かな理解が進んでいるのかを説明しましょう。

6-1 マントルの水の分布——岩石試料に含まれる水からの推定

地球や惑星内部の水の分布を推定するには、どのようにしたらよいでしょうか？　最も直接的な方法は、地球や惑星から得られる試料の水の濃度を測定することです。実際、地球のみならず、月や火星からの試料も手に入ります。ですから、これらの試料の水の量を測定すれば、各天体の内部の水の分布を推定する手がかりが得られるでしょう。この直接的な方法を地質学的方法と呼びましょう。

地質学的方法の強みと限界

地質学的方法は直接的で簡明という特徴があり、今までのほとんどの研究で採用されてきました。新しい測定装置の開発や従来の装置の性能アップにより、古い試料（たとえば月の岩石）から新しい知見が得られるとともに、小さい試料（たとえば、ダイヤモンドの包含物）の化学組成の測定も可能になりました。特に測定装置の改良は重要で、現在では、10㎛（1㎛〔マイクロメートル〕は100万分の1m）以下の領域で水の測定ができるようになっています。地球のマントルから来たダイヤモンドや月のオリビンの包含物に含まれる水の量の測定は、最新の測定装置を使わずには不可能でした。

地質学的方法の強みは水（水素）の量を直接測れることです。しかし、この方法には大きな限界があります。まず、この方法が使えるのは試料が採れる場合だけです。一方で、地球や惑星の深部の試料は非常に限られています。例えば、地球の約200㎞より深部からの試料はほとんどありません。私たちが入手可能なこれ以上の深さから運ばれてきた物質といえば、ダイヤモンドにたまたま含まれる小さな包含物くらいしかないのです。

また、このように限られた場所から採集される試料が、その天体の代表的なものかどうかも確かではありません。例として、ダイヤモンドの包含物について考えましょう。それらは、ダイヤモンドが成長するときに周りから取り込んだ物質です。ダイヤモンドは炭素が異常に多い環境で、多くの場合、メルトから晶出(しょうしゅつ)してできます。メルトはもともとの岩石とは違った組成をもつ（例えば、メルトには岩石より多くの水が入る）ので、ダイヤモンドの包含物がマントル深部の典型的な物質といえるかどうかは、大いに疑問です。

地質学的方法の限界を示す例として、地表で見つかる岩石から地球の平均組成を推定することを考えてみましょう。地表付近（地殻）で最もよく見つかる岩石は玄武岩（海洋地域）と花崗岩（大陸地域）です。ですから、もし、地表付近の岩石を採集・分析して、その平均的な組成を地球全体の平均的な組成と考えるならば、地球は玄武岩と花崗岩の中間的な組成をもつと結論することになります。

しかし、このモデルでは、密度や弾性的性質が地球物理学的方法で推定されるものと一致しません。地球物理学的観測の結果を重視し、太陽系の化学組成も考慮すると、マントルの大部分は地殻の岩石よりマグネシウムや鉄の豊富な岩石からできており、核は主に鉄でできていると推定されます。非常にまれですが、マグネシウムや鉄の豊富な岩石が地表で見つかることがあります。このような岩石の密度や弾性的性質はマントルの地震学的観測と矛盾しないので、地球内部に存在する岩石の候補と考えられています。つまり、地表の岩石の大部分は地球内部の物質とは異なる化学組成をもつのです。

地表と地球内部の物質はなぜ違うか？

ではなぜ、地表には地球内部と違った化学組成をもつ物質があるのでしょうか？　それは、地球ではその誕生以来、部分融解などを通して化学組成の違う物質が形成されては、その場所を移動してきたからです。そのような地質活動（化学的進化）の結果として、地球には場所によって違う化学組成をもつ物質が存在するようになったのです。

部分融解によって岩石が融け、もとの岩石とは化学組成の異なるメルトを作り、その結果、残った岩石の化学組成も変化します。メルトはたいていの場合、密度が周りより小さいので地表付近まで上昇し、冷えて固化します。こうしてできたのが地殻です。また、マグネシウムや鉄に富むマントル物質が地表で見つかることもあると述べましたが、地表で採集できるマントル物質はマントルの浅いところ、つまりリソスフェアに由来します。ですから、地表で採集できる試料には非常に大きなバイアスがかかっているのです。

そこで、地表にある物質から地球内部の化学組成を推定するには、どのようにして地球が進化してきたかを理解しなければなりません。地球の進化については、中央海嶺での海洋地殻の形成のように、比較的よくわかっている部分もあります。海洋地殻の場合、その化学組成（例えば水の量）などから、もともとの岩石の化学組成を推定することができます。一方で、ハワイのような海洋島の地殻や大陸地殻の形成については、海洋地殻ほどは理解されていません。リソスフェアとそれ以深（アセノスフェア）の違いも詳細にはわかっていません。他の惑星については、わからないことはもっと増えます。したがって、地質学的情報は直接的で多くの科学者に採用されているものの、この方法によって得られた情報から地球内部の組成（例えば水の分布）を推定するには注意が必要です。

マントル物質に基づく推定

マントルの水の量（分布）を推定する最も直接的な方法は、マントルから運ばれてきた岩石（鉱物）中の水の量の測定でしょう。実際、マントルから運ばれてきた岩石がいろいろな場所で見つかっています。代表的なものは、火山のマグマが上昇する途中で取り込んだ岩石のかけらで、噴火の際にマグマとともに地表へ運ばれます。専門用語では「捕獲岩」と呼ばれています。南アフリカではマントルからの捕獲岩が多数見つかっており、マントルの構造や組成（水の濃度など）の研究に使われています（**図6-1**）。ただし、このような岩石はすべてリソスフェア由

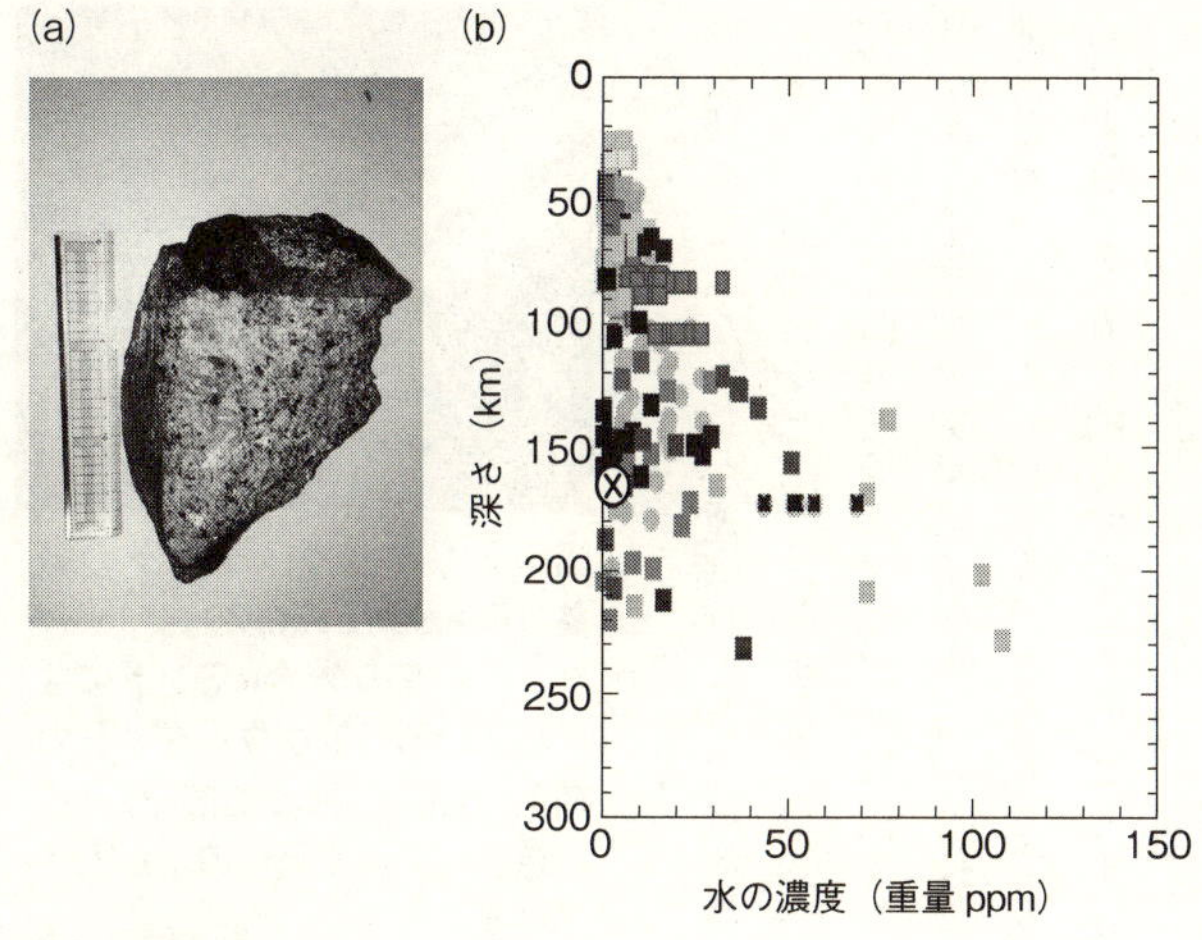

図6-1 捕獲岩

(a) マントルから来た捕獲岩。

(b) 捕獲岩から推定した大陸リソスフェアの水の分布（Demouchy and Bolfan-Casanova, 2016による）。

来で、アセノスフェアからきた岩石はまだ採集されていません。

また、これもまれですが、ダイヤモンドの包含物として遷移層以深の鉱物が得られることがあります。たとえば、最近、ダイヤモンドに含まれている小さなリングウッダイトの結晶が見つかり、その水の濃度が測定されました。その結果、このリングウッダイトは溶解限界に近い約１重量％の水を含んでいることがわかりました（**図６-２**）。リングウッダイトは遷移層深部の５２０〜６６０㎞の深さにある鉱物ですから、このあたりのマントルに多量の水がある証拠かもしれません。しかし、水を多量に含むリングウッダイ

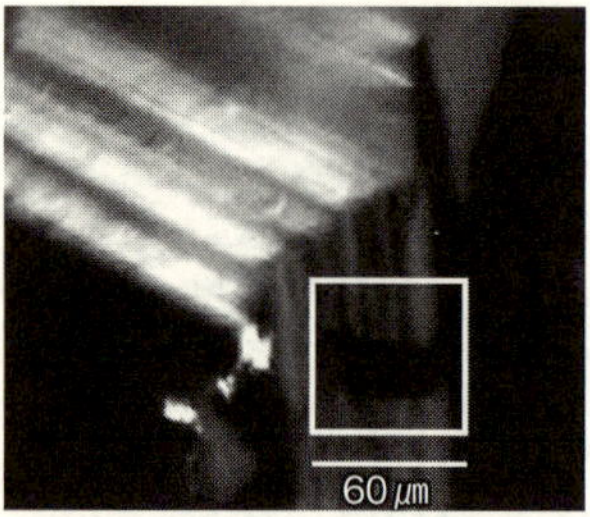

図6-2 リングウッダイトの結晶（Pearson et al., 2014）
ブラジル産のダイヤモンドに含まれているリングウッダイトの結晶（四角で囲った部分）。この結晶に約１重量％の水が入っている。

トがたった2個見つかっただけですし、遷移層の一部の領域に、ダイヤモンドができやすい揮発性成分の豊富な環境があり、水に富むリングウッダイトはその特殊な環境を反映しているだけかもしれません。同様にダイヤモンドの包含物として、下部マントルの鉱物（(Mg,Fe)O）も見つかっており、これにも溶解限界に近い濃度の水（約40重量ｐｐｍ）が入っていることがわかりました。しかし、この場合も、下部マントルの異常に水の多い領域でできた物質が運ばれてきた可能性は否定できません。

また、捕獲岩などがマントルから地表へ輸送されてくるあいだに、鉱物に含まれる水の量が変化しないとは限りません。マグマに捕まって運ばれる途中で水が抜けたり、加わったりする可能性があります。マグマに水が少ないと捕獲岩から水が抜けるでしょうし、マグマに水が多いと捕獲岩に水が加わるでしょう。こう考えてみると、この方法は、地球内部の水について推定するためにもっとも直接的ですが、もっとも不確かさが大きな方法だと言えます。

海洋地殻物質に基づく推定

マントルの広い範囲における水分布を知るためには、マントル由来の岩石（鉱物）を使う方法より間接的な、マントルの岩石の部分融解によってできる海洋地殻の組成を利用するほうが有力です。その理由は大きく二つあります。

第一の理由は、海洋地殻は広大な地域に存在していて、地球で最大の火山である中央海嶺で作られていることです。そこで、海洋地殻の組成は広い範囲のマントルの組成を反映していると考えられるのです。そして、第二の理由として、中央海嶺での火山活動の様子は相当詳しくわかっていることが挙げられます。海洋地殻の主成分である玄武岩は、上部マントル（アセノスフェア）の岩石の約10％が部分融解してできたメルトが固化したもので、ほぼ均質な組成をもっています。そこで、アセノスフェアもほぼ均質な組成をもっていると推定されます。また、岩石が部分融解すると、もともと含まれていた水のほとんどがメルトに入ります。つまり、玄武岩メルトのもとになったマントルの岩石の水の濃度は、玄武岩の水の濃度の10分の1に相当するということです。このような中央海嶺玄武岩の研究からアセノスフェアにはほぼ0・01重量％の水があることがわかりました。

一方、ハワイなどの海洋島の玄武岩を作るメルトは、中央海嶺の玄武岩のもとになった物質より深いマントル物質が融けてできたものだと考えられています。地震波トモグラフィーによればこれらの火山の下にある高温領域はマントル深部まで繋(つな)がっているのです。ですから、海洋島の玄武岩はマントル深部の岩石が融けてできたもので、海洋島の玄武岩の水の濃度からマントル深部の水の濃度を推定できます。

海洋島の玄武岩は中央海嶺の玄武岩に比べて高い濃度の水を含んでいます。水（水素）の他の不適合元素の量も中央海嶺の玄武岩に比べて多量です。したがって、マントル深部にはアセノスフェアより水などの不適合元素に富んだ岩石があることは確かです。ただし、この水の量は海洋島の場所によって変化し、中央海嶺の玄武岩ほど均質ではありません。また、海洋島の玄武岩の元になった岩石がマントル深部のどこにどれだけあるのかはよくわかっていません。

海洋島の玄武岩の元になった物質がどこにどれだけあるのかは、二つのモデルがあります。一つは、大部分のマントルはアセノスフェアと同様に、水などの揮発性成分の少ない物質でできていて、海洋島の玄武岩の元になった物質はほんの少量だけ分散して存在している、というものです。このモデルは葡萄(ぶどう)パンモデルと呼ばれています（**図6−3a**）。もう一つは、深部マントルの大部分はアセノスフェアより揮発性物質を多く含む物質でできている、とする層構造モデルです（**図6−3b**）。

この二つのモデルでは、マントル全体にある水の量が大きく違います。前者のモデルではマントル全体にある水の量は海水の3分の1程度ですが、後者では海水の数倍になります。この二つ

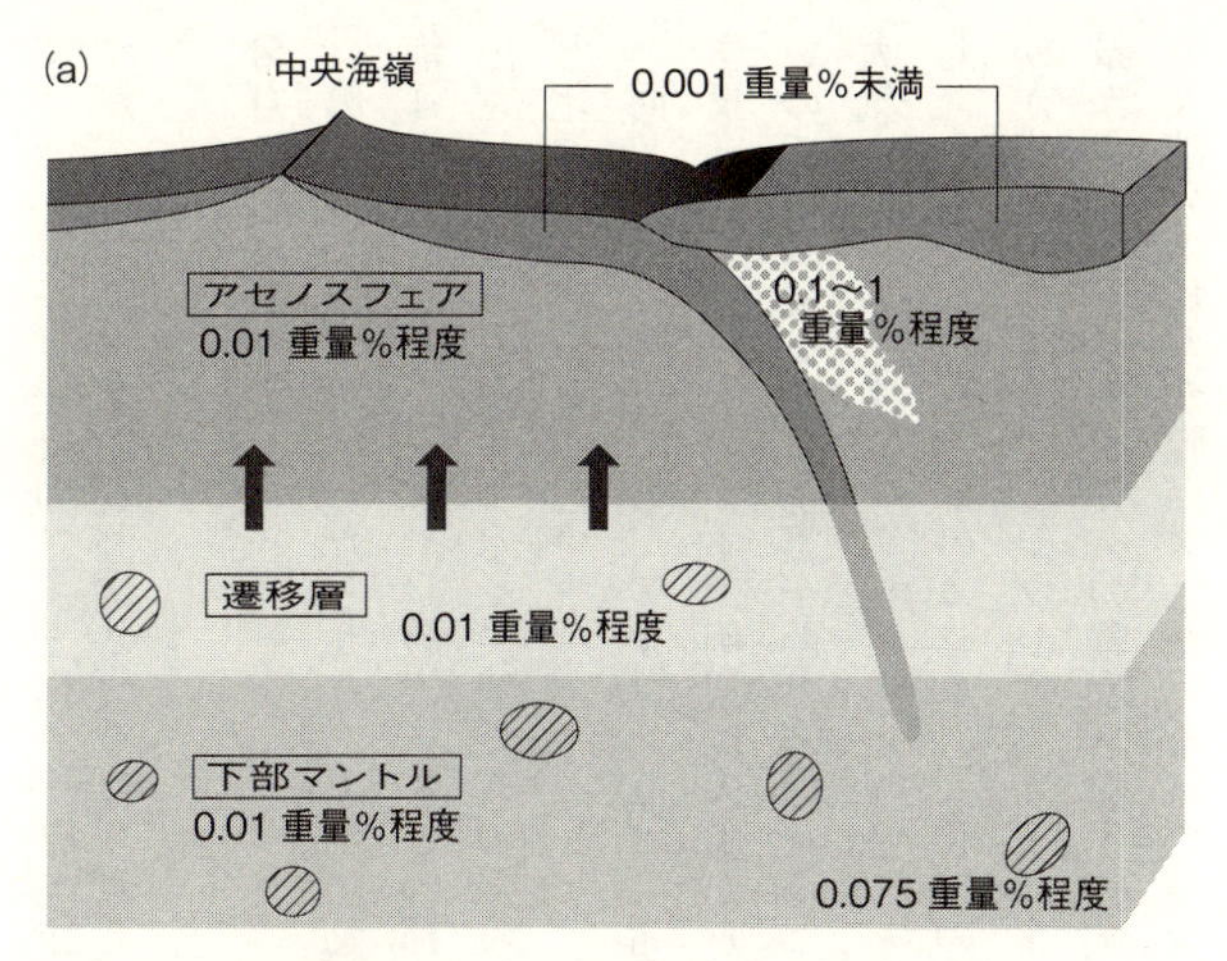

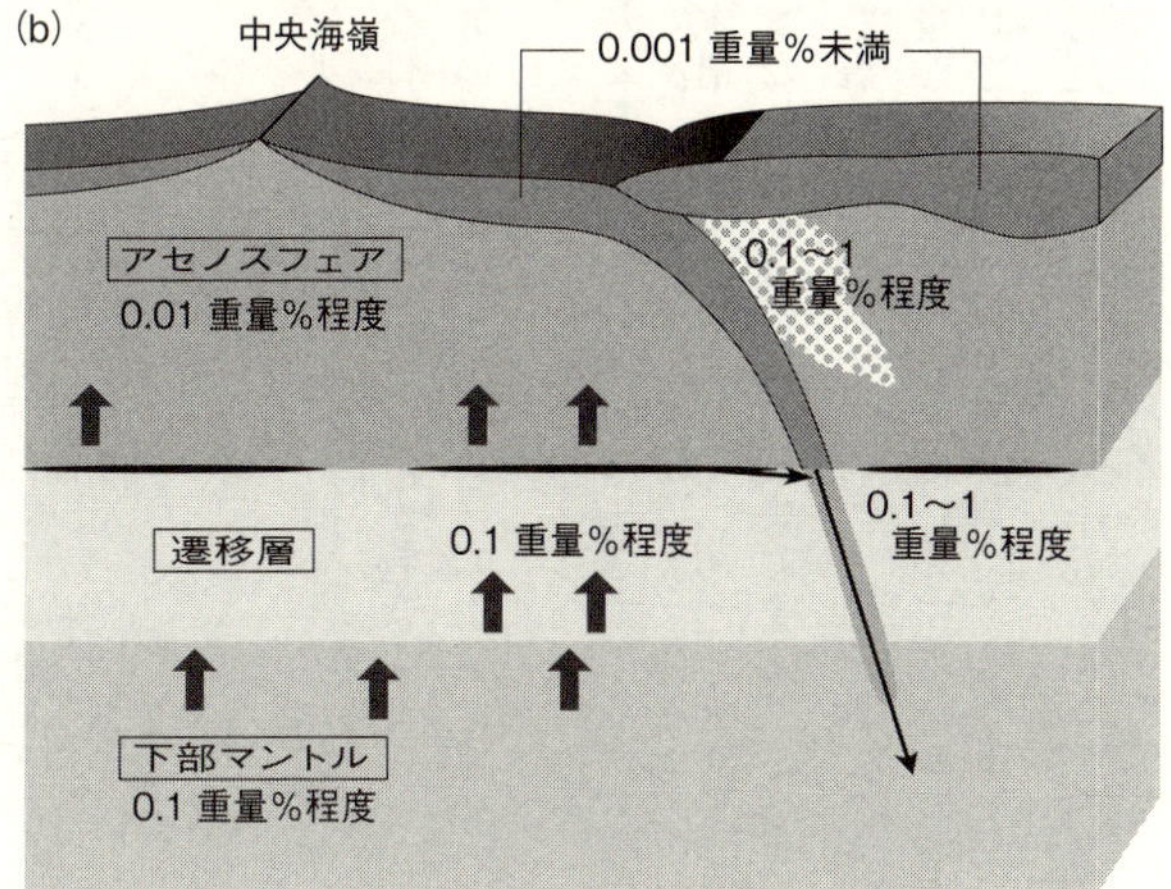

図6-3 マントルの水の分布のモデル（Karato, 2011）
(a)　葡萄パンモデル：ほとんどのマントルでは水は少ない。深部マントルに水の多い領域が少しだけ散らばっている。
(b)　層構造モデル：水の濃度はアセノスフェア（上部マントル）とそれ以深とでは大きく違っている。

のモデルのどちらが正しいかを、地質学的観測だけから検証することは困難です。後で解説しますが、地球物理学的観測に基づけば、どちらのモデルが適当か判定できます。

希ガスによる推定

第4、5章で解説したとおり、火山活動によって地球内部から揮発性成分が脱ガスし、大気や海洋ができました。水や炭酸ガスなどの揮発性成分は、部分融解が起きるとほとんど岩石から放出されます。しかし、水や炭酸ガスの振る舞いは複雑です。これらの物質は他のいろいろな物質と化学反応をするからです。

同じ揮発性物質でも、アルゴンなどの希ガスの挙動はもっと単純です。希ガスは他の物質と化学反応をしないからです。例えば火山から放出されたアルゴンは、化学反応をしないうえに、重いので上層大気から宇宙空間へ逃げることもなく、大気中にとどまります。さらに、現在の地球大気中にあるアルゴンのほとんどは^{40}Arで、これは地球内部の^{40}Kのベータ崩壊でできたものです。したがって、地球内部のカリウム（K）の量がわかれば、どれだけのマントル物質が脱ガスしたかが推定できます。アレグレやマーティーはこのような考えに基づき、大気中にあるアルゴンの量からマントルの脱ガスの程度を推定しました。その結果、大気中のアルゴンの量は、マントルの大部分の物質が脱ガスしたと考えた場合に比べて、はるかに少ないことがわかりました。そこで彼らは、マントル深部にはあまり脱ガスしていない物質が多量にある、と予測し、マントル全体で海水の10倍くらいの水があるはずだと推定しています。

6-2 マントルの水の分布——地球物理学的観測からの推定

地質学的方法とは別に、地球物理学的観測に基づく水の分布の推定法があります。地球物理学的観測には、地震波の伝播の様子の観測や、惑星の電磁場の測定などが含まれます。これらの観測結果は地球や惑星の地表から深部までの状態を反映しており、多くの惑星で、惑星全体の規模での観測もなされています。したがって、惑星規模での水の分布を調べるには好適です。

ただし、これらの方法は地質学的方法に比べ間接的です。つまり、地球物理学的方法で観測されるのは地震波や電磁波の伝わり方であり、地質学的方法のように水の濃度そのものを測るわけではありません。ですから、どのような地球物理学的観測結果が水の分布を推定するのに適当かを吟味し、その観測結果と水の濃度がどういう関係をもつかを実験的、理論的に研究する必要があります。私は過去20年くらいの間、この問題を研究してきて、地球や月の内部の水の分布についていろいろと新しい知見を得ました。この節でその成果を紹介しましょう。

地震学的観測のいろいろ

地球内部を調べるのによく使われているのは、地震波の伝播の様子です。地震波の伝わり方に関しては詳しい研究がなされてきて、地震学という成熟した学問分野が確立しています。地震学の基礎は、弾性波の理論が確立した19世紀後半に築かれ、その後、理論の精密化やコンピューターの進歩などのおかげで着実に進歩を続けてきました。ここで、地震波観測によって得られる情報について、大雑把にまとめておきましょう。

まず、波が伝わるのにかかった時間と伝わった距離から、波の伝播速度が求められます。他にも、波の振幅の減少率から、どれだけの波のエネルギーが熱として消滅したか（これを地震波の減衰と言います）も測定できます。

地震波伝播速度

地震波観測で得られるいろいろな情報の中で、最も精度よく決められるのは地震波の伝播速度です。地震波の速度は伝播方向によって変わることもありますが、ここでは簡単のために、伝播方向に関して平均した速度を考えます。第1章で示した「1次元モデル」の地震波速度は、深さだけで決まる平均速度でした。現実の地球では、地震波の平均速度は同じ深さでも場所によって変わります。特に、最近発展した地震波トモグラフィーという手法（第５章）を使うことで、地震波速度の３次元的構造が明らかになりつつあり、地球内部のダイナミクスの理解に重要な情報を与えています。

しかし、地震波の平均速度だけから水の濃度を推定するのは、非常に困難です。それは、地震波の平均速度への水の効果は小さく、温度や主成分元素の組成など、他の因子の効果との区別がつかないからです。例えば、地球化学的観測に基づいて、アセノスフェアにおける水の濃度は０・０１重量％くらいと推定されていますが、この程度の濃度の水だと、水のない場合に比べて地震波の平均速度はせいぜい０・０１％しか変化しません。これは検出限界以下です。例外的に水の多い（１重量％程度）領域での速度変化が、やっと検出に引っ掛かる程度（１％程度）です。そのような領域でも、水以外の因子の影響のほうが大きく、地震波の平均速度の変化率から水の濃度を推定するのはほとんど不可能です。

地震波の減衰、潮汐摩擦

地震波観測から惑星内部の水分布を推測する方法は、他にもあります。今度は、地震波の減衰に注目しましょう。また、地震波の減衰と関連した現象である潮汐摩擦の観測からも、惑星内部の水の情報を得られます。

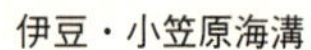

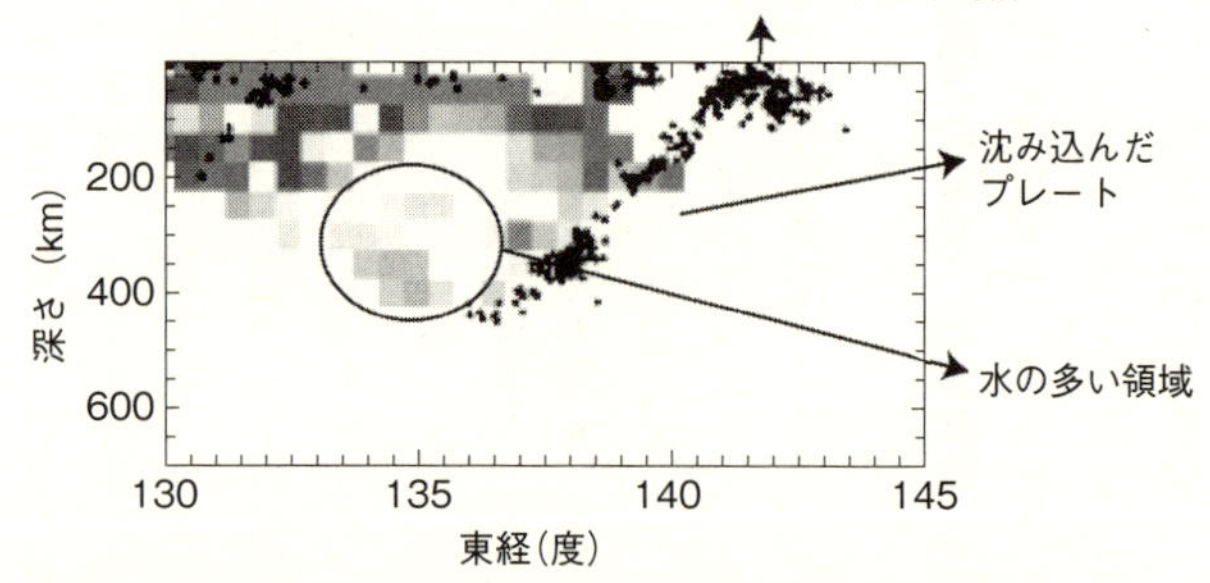

図6-4 地震波の伝播速度と減衰から求めた水の量（Shito et al., 2006）

東経133〜137度あたりの深さ300〜400 kmに水の多量（約0.1重量%）にある領域がある。黒い点は地震の起こった場所で、プレートのほぼ上面に対応する。

一般に物質は、高周波の変形では弾性体として振る舞い、低周波の変形では粘性物体として振る舞います。地震波は低周波の波（長い周期の波）なので、地震波伝播に伴う変形には弾性変形だけでなく粘性流動も寄与しています。このような変形を非弾性変形と呼びます（第3章）。粘性流動では変形によって熱が発生し、振動のエネルギーが減っていきます。そのため、地震波の減衰が起こるのです。また、粘性流動には水が大きく影響するため、地震波の減衰には水が大きな効果をもつことが予測されます。この予測は最近、ジャクソンらによって実験的に正しいことが確認されました。

私たちは地震波の減衰と地震波伝播速度の観測に基づいて、マントルの温度と水の分布を推定しました。この研究で対象としたのはフィリピン海の上部マントルで、ここは伊豆・小笠原海溝から古い海洋プレートが沈み込んでいる場所です。この上部マントルの深部（300〜400㎞の深さ）に、減衰が非常に大きいものの地震波速度はそれほど遅くない領域があり、水が多い領域だと推定されました（**図6-4**）。第5章の**図5-3**で説明した、深くまで沈み込んだプレートからの脱水によるものと思われます。

二つの天体が相互作用しながら変形するときに生じる潮汐摩擦も同様に、水に敏感な観測量です（第3章）。天体の変形を測定することから、潮汐摩擦（Q）を計算することができますが、天体の形の測定は高精度でできるため、潮汐摩擦は地震波の減衰よりも精度よく決められています。そこで、潮汐摩擦は惑星内部の水の濃度を推定するのに使える有力な観測データです。

ただし、地震波減衰や潮汐摩擦は水の濃度だけでなく温度にも敏感ですから、これらのデータだけから水の濃度を一意的に決めることはできません。しかし、もう一つの観測結果があれば、温度と水の濃度を別々に推定できます。月について、潮汐のQと電気伝導度（次節参照）を使って水の濃度を推定した研究は後に解説します。

地球・惑星内部の電気伝導度

地球や惑星内部の電気伝導度も地球物理学的観測から推定できます。第3章で解説したように、電気伝導度は水（水素）に非常に敏感なので、地球や惑星内部の水を研究するのに有力な情

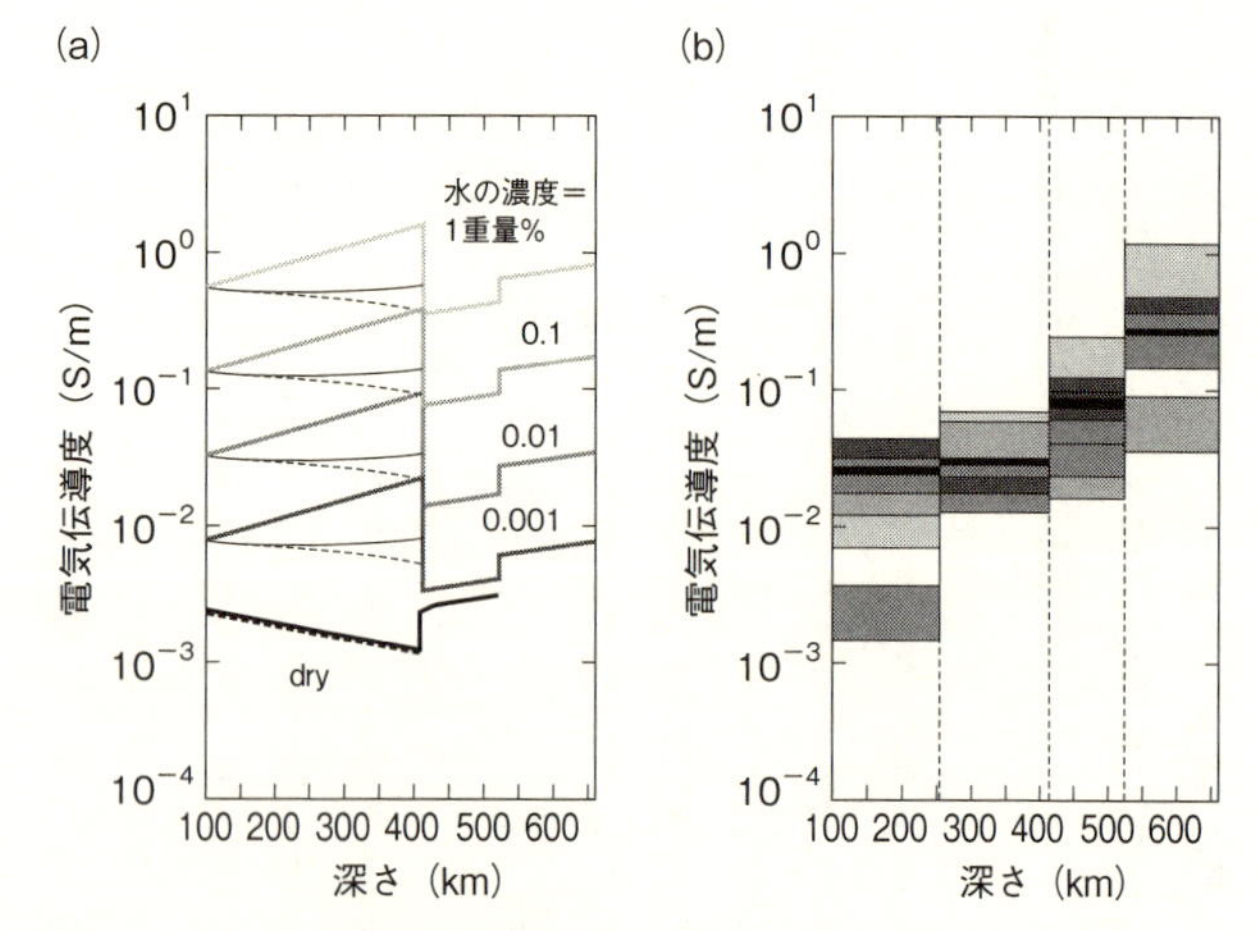

図6-5 マントルの電気伝導度分布（Karato, 2011にもとづく）

(a)　いろいろな水の濃度について実験結果から計算した電気伝導度。

(b)　地球物理学的に決めた電気伝導度の深さ分布。灰色の領域はいろいろな地域の推定値（電気伝導度は深さによってだけでなく地域によっても変化する）。

両者の比較からマントルの水の分布が推定できる（図5-3b）。

報です。ここからは、地球や惑星内部の電気伝導度を測定する研究や、その結果から考えられる水の分布について説明します。

電気伝導度は、地球や惑星が宇宙空間にある電磁場と相互作用する様子を調べることによって推定できます。その原理は、電磁誘導という現象です。物体を取り巻く空間の磁場が時間的に変化すると、電気を通す物体には電流が流れます。この電流の強さは物体の電気伝導度に比例するのです。また、物体に電流が流れると、磁場が形成されます。

そこで、地球や惑星の表面では惑星の外で作られた電磁場と地球や惑星の内部で電磁誘導によって形成された電磁場の両方が観測されます。このような観測から、地球や惑星内部の電気伝導度の分布が推定できるのです。この方法は地球、月、火星について応用され、その内部での電気伝導度の分布が推定されています。

例えば地球では、地震学的観測に比べて精度は落ちますが、マントルの深さ数百㎞あたりまでの電気伝導度が推定されています（**図６－５ｂ**）。地球の場合、マントルの温度もある程度はわかっているので、実験室の結果を使って、いろいろな水の濃度に対して電気伝導度の分布を計算できます（**図６－５ａ**）。この計算結果と観測値の比較から、マントル内の水の分布が推定できます。例えば、電気伝導度が詳しく測定されているアセノスフェアの場合（深さ１００～２５０㎞）、水の量がほぼ０・０１重量％であれば観測結果をうまく説明できます。この推定結果は地球化学的方法による推定結果と調和的です。また、地域によって多少の違いはありますが、上部マントルから遷移層に入ると電気伝導度は急増します。この観測結果は、遷移層に上部マントルより多くの水があると考えれば説明できます（**図５－３ｂ**）。太平洋の下の遷移層では水の濃度は０・１重量％くらい、東アジアの下などでは１重量％くらいと推定されています（**図６－５**を見て、自分で確認してください）。

地球内部の水分布の層構造

マントルの水の量が上部マントル（表面近くから410kmの深さまで）と遷移層（深さが410kmから660kmまで）で異なっているというのは、重要な結論です。第3章で解説したように、水素などの原子（イオン）の岩石中での移動速度は遅いので、化学組成が100km程度以上の大きさの層構造を説明するには、融解などによる大規模な物質の分離を考える必要があります。つまり、水の量が上部マントルと遷移層で異なっているとすれば、それらの境界で部分融解による大規模な物質の分離があるらしい、と推定できるのです。これは、第5章で述べた遷移層の水フィルターモデルの予測と一致します。さらに、遷移層と上部マントルの境界に部分融解した層があるらしいことは、地震学の研究からもわかってきました。遷移層と上部マントルの境界の広い範囲で、厚さ数十kmの地震波速度の低い領域が見出されたのです。

下部マントルについては、電磁誘導による電気伝導度の推定値はありますが、水の量を推定するために必要な実験的データはありません。しかし、第5章で述べたようなマントル対流のモデルを考えれば、下部マントルと遷移層の境界で融解が起こらない限り、その2層の水の量は等しいはずです。したがって、遷移層以深のマントルには、平均して0・1重量%くらいの水があると推定されます。このモデルでは、マントル全体で海水の数倍の水があることになります。

6-3 海水量の変動の歴史

　地質学的時間の中で海水量がどのように変化してきたかを知ることは、地球がいかにして生命の誕生・進化の起こる場を提供してきたのかを考えるうえで非常に重要です。前章で、いろいろな水の循環についてのモデルを解説しました。プレートテクトニクスの起こっている地球のような惑星では、中央海嶺での脱水や海溝でのプレートの沈み込みによる再ガスという、大規模な水の循環が存在することを学びました。そして、第４、５章では、海水量は脱ガス率と再ガス率の動的バランスで決まっていることも説明しました。実際、この両者がぴったり釣り合っていなかったとすれば、海水量は時代とともに変化してきたはずです。

　海水量を推定するには海の面積（陸の面積）と海の深さを知ればよいのですが、この推定は時代をさかのぼるほど難しくなります。非常に古い時代（地球史の初期）には、大陸の成長のため海の面積が大きく変化したはずなので、海水量の推定に大きな誤差を伴うからです。

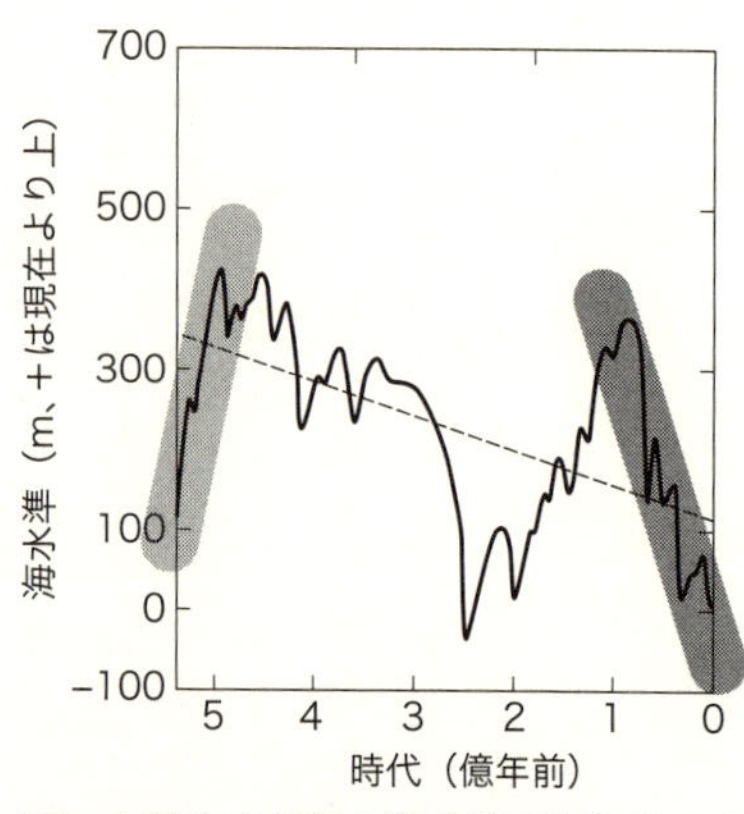

図6-6 過去6億年の海水準の変化（Parai and Mukhopadhyay, 2012にもとづく）
曲線が測定値。破線は曲線の傾向を平均したもの。
平均からの大きなズレも見える（これは灰色の領域で示した）。

比較的最近の変動

一方、比較的最近の短い期間に限っては、海の面積（大陸の面積）はほぼ一定と考えて問題ないので、海水量を計算するには海の深さの変化を復元すれば十分です。例えば、海水量が増加したとすると、大陸と海の境界（海岸線）の位置が高くなります（当然、海水が減少すれば海岸線は低くなります）。ということは、過去の海岸線の高さがわかれば、海水量の変化が推定できるわけです。

過去の海岸線の高さは、海岸線近くに生息する生物の化石などいろいろな地質学的観察から推定できます。そのような方法で復元された、過去約6億年の海水準変動を**図6-6**に示します。この間、大陸の占める面積はほぼ一定だったので、**図6-6**は海水量の変動の歴史とみなせます。最近6億年の海水準変動を平均すると、1億年で約40~60mというペースでの低下傾向がみられます（図の破線）。現在の海の平均深さが3729mですから、1億年かけて約1から2%

というゆっくりした低下です。この６億年のあいだ、海水量の変化はそれほど大きくなかった、といえそうです（この論文の著者はそう主張しています）。

しかしよく見ると、１億年くらいの時間では、海水準がより激しく高くなったり低くなったりしている傾向も見えます（５００ｍ／億年程度）。もしこの大きな変化が数億年間続けば、海水は完全になくなったり、大陸が水浸しになったりするはずです。この海岸線の位置の急激な変化の原因はよくわかっていませんが、大きく二つの可能性が考えられるでしょう。

海水準変動の理由——二つのモデル

一つの可能性は、この間に大陸や沈み込み帯の分布が変わった、というものです。大陸や沈み込み帯の分布が変わると、陸が鉛直方向に変動し、海水量は一定でも海岸線の位置が変化する可能性があります。もう一つの考えは、海岸線の位置の変化は実際の海水量の変化を反映しているというものです。この場合、海水量は一定ではなく、ある値の周りで変動しているということになります。実際、脱ガス率と再ガス率がぴったり釣り合って、海水量が一定値を保つというのも不思議なことです。そこで、この二つ目の可能性は、「脱ガス率と再ガス率はしばしばバランスしない。そして、海水量（したがって地球内部の水の量）も変化する。しかし、海水量をもとに戻すような、なんらかの負のフィードバックが働いている」というものです。

ある量についての負のフィードバックが働くシステムでは、完全に安定でその量（今の場合、海水量）が一定になる場合もありますが、一定値の周りを変動する場合もあります。一方、正のフィードバックが働いている場合は、海水量は不安定で、一方的に減少か増加を続けます。

ここで解説してきた、「大陸分布変動説」と「海水量自動調節機構説」の二つの仮説のうちどちらが正しいのかは、よくわかっていません。例えば、第一の仮説を検証するには陸の鉛直方向の移動を定量的に見積もる必要がありますが、それは困難です。というのは、陸の鉛直方向の移動の程度はマントルの粘性率に敏感ですが、マントルの粘性率は正確にはわかっていないからです。また、第二の仮説において重要な、脱ガスと再ガスのフィードバックの詳細もまだ十分研究されていません。今後の研究が待たれる分野です。

6-4 月の水

次に、月の内部の水について解説しましょう。月は地球以外の天体の中では、その内部構造が最もよく知られている天体です。月の内部の水についてわかれば、地球型惑星（や衛星）にどのようにして水が取り込まれたのかを理解する助けになります。また、月は巨大衝突（ジャイアント・インパクト）と呼ばれる、惑星形成後期に起こった激しい現象の影響を受けています。月の水の研究から、巨大衝突が水の分布におよぼす影響についての理解も深まるはずです。

月にはほとんど水がない？

１９６０年代の末から１９７０年代の初期にかけてＮＡＳＡによって行われたアポロ計画の成果として、約３８０kgの月の石が採集されました。その化学組成は世界各地の研究者によってすぐに測定され、月の化学組成のモデルが形成されました。すなわち、月は地球のマントルと似た組成をもっているが、水などの揮発性物質には乏しいというモデルです。この考えはその後ほぼ40年の間、地球惑星科学におけるパラダイム（通説）になっていました。

この月の組成モデルは、月の形成の標準モデルである、巨大衝突モデルとも調和的に見えます。巨大衝突モデルによれば、形成後期の地球に火星程度の大きさの天体がぶつかり、その結果として発生した高温のため、多くの物質が気化しました。そして、地球を取り巻く軌道に放出されたその高温の気体が冷えて固まり、凝縮して月ができた、と考えます。高温の気体ができ、それが固まるとき、揮発性物質のほとんどが逃げるでしょう。また、初期の月にあったマグマ・オーシャンが固まるときにも、その表面では多くの揮発性物質が逃げたはずです。ですから、月に水などの揮発性成分が少ないと想定するのは自然なことでした。

通説への挑戦

このモデルに最初に疑問を投じたのは、2008年に発表されたサールらの研究です。彼らは最新装置を使って、アポロ計画で採集された月の岩石中の水（水素）の量を測定し、ガラス状の物質に少しの水が含まれることを見つけました。3年後、彼らは月の岩石の中にあるオリビンという鉱物にある玄武岩包含物についてのより詳しい研究結果を発表し、月の玄武岩には地球の海洋玄武岩に匹敵する濃度の水が含まれるものがあることを示しました（**図6-7**）。

特に玄武岩包含物の研究は重要です。以前の研究では月の表面に噴出した玄武岩の組成を測定していました。このような岩石はメルトが固化してできたときにもともともっていた水を失ってしまった可能性が高いのです。**図6-7a**に示されているように玄武岩包含物はオリビンに取り込まれているため、もともともっていた水の量を比較的よく保持しているのです。

月の地殻物質についても同様の研究が行われ、やはり月の内部には地球と同程度の水があるという結論が得られました。また、水素の同位体比も地球とほぼ同じであることがわかりました。

月に地球とそれほど違わない量の水があるという事実は私を含め、多くの研究者にとって大きな驚きでした。というのは、先に述べたように、月が揮発性成分に欠けるという従来の定説は、巨大衝突という月の形成モデルとも調和的だと考えられていたからです。

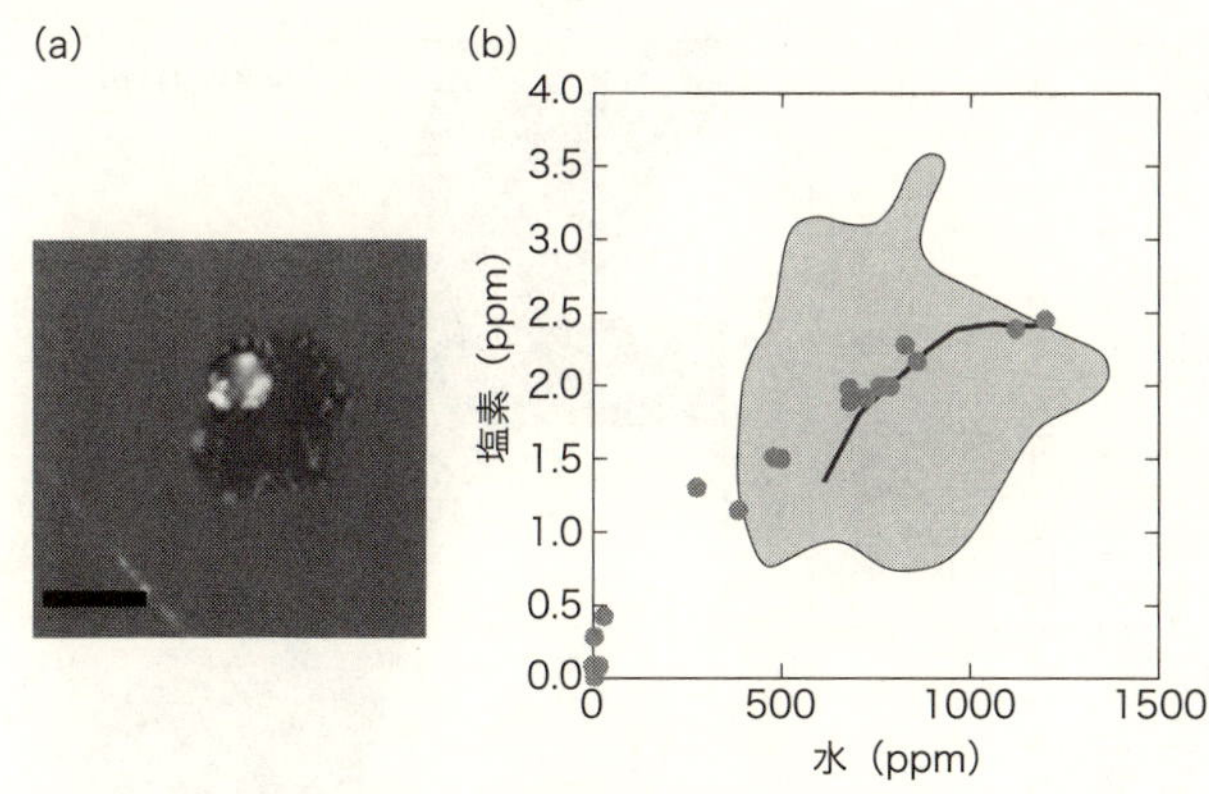

図6-7 月の岩石についての観測結果（Hauri et al., 2011による）
(a)　月の岩石中のオリビンに含まれる玄武岩包含物。この中には地球と同じくらいの水や他の揮発性物質が入っている。黒線は長さ10μmを表す。
(b)　月の試料中の水と塩素の量。丸い点が測定値。灰色の領域は地球の海洋玄武岩での値。

月に地球物理学的方法を適用する

この地球化学的方法から得られた想定外の結果を鵜呑みにするわけにはいきません。アルバレーデなどが主張しているように、ここまで紹介してきた最近の研究結果は、少数の小さな試料に基づくものですから、月全体の水の量を反映していない可能性があります。何らかの理由で水を多く含む特別な試料を扱ってしまったのかもしれません。

この点を検討するには、地球物理学的方法が適しています。そこで私は、地球のマントル内の水の分布を推定するのと同様な方法で、月の内部の水の量を推定しようと試みました。アポロ計画の一環

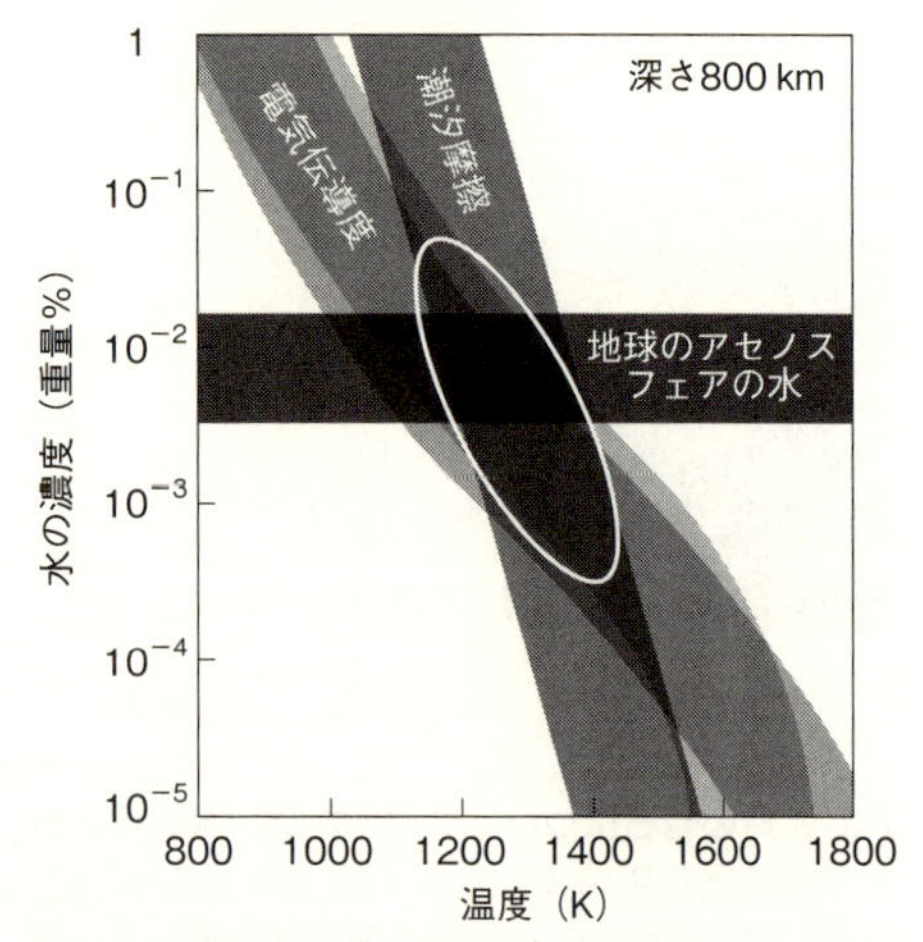

図6-8 地球物理学的方法による月内部の水の量の推定（Karato, 2013による）

楕円で囲った部分が観測と矛盾しない月の水の量と温度。水平な灰色の部分は地球のアセノスフェアの水の量。

として、電磁誘導の観測データを使って、月の電気伝導度の分布が推定されていました。その結果から水の濃度を推定しようと考えたのです。しかし、月の場合、温度分布もよくわかっていないので、一意的に水の濃度を決めることはできません。そこで、水に敏感な観測量としてもうひとつ、潮汐摩擦（*Q*〔第3章〕）を使いました。このどちらの量もリモートセンシングで推定されたもので、月全体の性質を反映しています。

第3章と6-2節で説明したように、電気伝導度も潮汐摩擦（*Q*）も温度と水の濃度に敏感です。したがって、この二つの量が測定されていれば、月内部の温度と水の濃度を別々に推定できるのです。温度については、同じ深さで比べると月は地球よりかなり低温であることがわかりましたが、水の濃度は地球のアセノスフェアと同程度か、わずかだけ少ない程度と推定されました（**図６−８**）。月は地球より小さいため冷えやすく、内部が低温なのは予想どおりです。しかし、月に地球のアセノスフェアと同程度か、わずかだけ少ない程度の水があるというのは驚くべきことでした。

これは後期ベニア説にとっては都合の悪い事実です。後期ベニア説では、地球の水はその形成の最終段階にならないと獲得されず、月ができた頃の地球にはほとんど水がないとしているからです。

月を作った高温の気体の凝縮を問い直す

地球化学的方法と地球物理学的方法の両方を使って、月には地球と同程度かわずかだけ少ない水があることが推定されたのですが、これはほとんどの科学者にとって想定外の結果でした。この結果が月の形成モデルと矛盾しないかどうかは、大きな問題です。今までのモデルでは、月は揮発性元素に枯渇しており、月にある水の量は地球の１０００分の１程度だろうと考えられていたからです。

このパズルの答えは簡単に得られました。まず、高温の気体が凝縮する際に揮発性物質が失われる、という考えの前提について考えてみましょう。その前提とは、高温の気体が凝縮すると固体になるというものです。第2章で説明したように、真空度の高い原始太陽系星雲の凝縮では、気体から固体（鉱物）が凝縮します。固体にはほんの少ししか水は溶け込みません。そこで気体に水があっても、凝縮した固体にはほとんど取り込まれません。

しかし、月ができたときには、高温の気体から固体が凝縮したわけではありません。月ができた環境では圧力が高かったため、気体から液体ができたのです。このことは、次のようにして推定できます。

月は現在、ゆっくりですが地球から遠ざかっています。その原因は月と地球の潮汐摩擦です。潮汐摩擦による軌道の変化の理論を使って、月が形成された頃の位置を計算すると、地球のすぐ近辺にあったことになります。そこで、月を作った高温の気体は地球近傍、地球の直径の数倍以内の空間にあったと推定できるのです。つまり、月の元になった高温の気体は地球の重力に束縛されて狭い空間に閉じ込められており、そのため、原始太陽系星雲に比べて高い圧力となっていました。この圧力は、地球軌道での原始太陽系星雲の圧力の約1万倍（1〜10気圧程度）と推測されます。そこで、月ができたときには液体が凝縮したのです。

液体には固体より圧倒的に多量の水が溶けるので、高温の気体から液体が凝縮したときに、かなりの量の水が液体中に取り込まれます。液体も冷えればやがて固体になって水が抜けますが、月ができた場所は地球のすぐそばだったので形成にかかる時間が短く、冷えて固体となる以前に液体が集まって月が形成されました。[注1]そのため、月ができたとき、高温の気体（つまりもともとの地球＋衝突物体）に含まれていた水が少ししか失われなかったのです。

月も他の惑星と同じように、高温の気体からの凝縮物質からできました。しかし、凝縮物が液体だった点が違っています。つまり、月の組成は、液体の凝縮物にどのような元素が取り込まれたかで決まっているのです。こう考えると、月にある揮発性物質の存在度を説明することができます。月にある揮発性物質の存在度は、元素の結合エネルギーと強い関係がありません。これは液体が凝縮するときの特徴なのです。

このようなわけで、月が水を失わなかったのは、月が地球の重力によって拘束された物質からできたから、ということになります。月にマグマ・オーシャンができたのも地球の重力エネルギーのおかげなので（第４章）、結局、月は地球に多くを負っているのです。

6-5 他の地球型惑星の水

地球と月だけでなく他の惑星の水の存在量がわかると、惑星形成のときにどのくらい水が取り込まれるのかという問題の理解が大いに進みます。いろいろな惑星の水の存在量を地球と比較すれば、地球がどれだけユニークな惑星なのかもわかってくるでしょう。地球と月以外の惑星（衛星）の水についてはあまり理解が進んでいませんが、太陽に近いほうから始め、現状と今後の展望をまとめておきましょう。

水星

最初は水星です。2011年から2015年まで行われたNASAのメッセンジャー計画で、水星の化学組成について新しいデータが得られました。しかし、主なデータは表面の組成情報ですから、水星内部の水についてはほとんどわかっていません。

ただ、面白いのは、水星表面に相当量の揮発性元素（硫黄やカリウムなど）があることです。これは意外でした。というのは、第2章で解説したような標準的な惑星形成論では、水星軌道のあたりは高温なので、硫黄やカリウムなどの揮発性元素はほとんどないと考えられていたからです。この意外な観測結果の理由について、水星が形成された環境は非常に還元的であったためとする考えがあります。元素の揮発性は温度だけでなく、酸化・還元などの化学的要因にも影響されている可能性があるのです。これが本当だとすれば、他の惑星での水の濃度を考えるときにも酸化・還元などの化学的要因を考慮する必要が出てくるかもしれません。

金星

第3章で、金星の大気にはほとんど水がないことを説明しました。しかし、第4章で解説したように、形成された直後の金星にはかなりの量の水があったらしいことも推定されています。そうすると、金星は現在もその内部に水を含んでいる可能性があります。しかし、今のところ金星内部の構造と組成に関しては、核の大きさ以外のことはほとんど何もわかっていません。また、金星から来たと思われる隕石はまだ見つかっていません。

地球や月のように、重力（や形）や電磁場のリモートセンシングを実施できれば、金星の内部の水についてヒントが得られるかもしれません。しかし、他の惑星と違って、金星は厚い大気で覆われているので、このような観測も簡単ではないでしょう。金星の大気については、ＪＡＸＡ（宇宙航空研究開発機構）の探査機「あかつき」などによる詳しい研究が進行中です。大気の構造が詳しくわかれば、大気の効果の補正ができ、リモートセンシングで金星内部の構造を調べることも可能になるかもしれません。

火星

火星は地球より太陽から遠いところで形成されたので、地球より多くの水をもっている可能性があります。実際、火星には川や峡谷のような地形が多く見られ、これらは、かつて火星の表面を深さ数十mの海が覆っていた証拠と考えられています。そして現在でも、火星表面には少量ですが水があることが確認されています。その大部分は表面直下にある氷ですが、液体の水もあるかもしれません。

ごく最近（2015年）のNASAのマーズ・リコネッサンス・オービターによる観察では、火星の表面の一部に含水塩がある地域が見つかりました。氷に塩を混ぜた場合と同じ原理で、この地域では氷の融点が下がっているはずです。ですから、暖かいシーズンには液体の水が存在すると考えられています。実際、この地域には、比較的最近できた水の流れによってできたと思われる地形があります（**図6-9a**）。

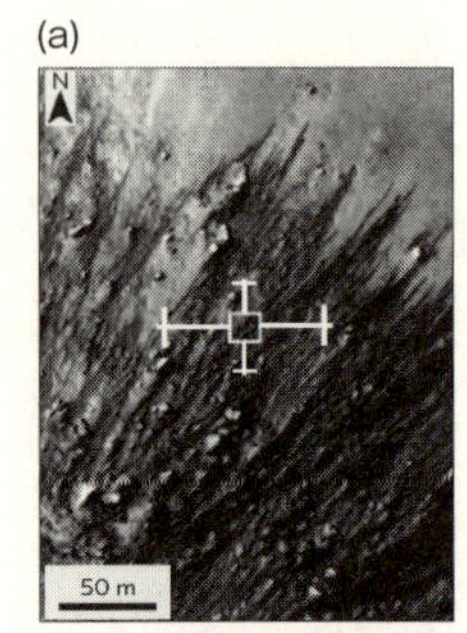

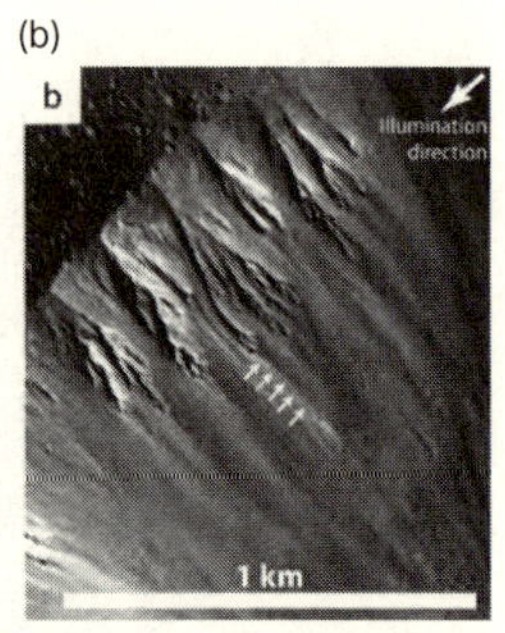

図6-9 水の流れた跡を示す地形
クレーター密度が低く、いずれも比較的最近できた地形と考えられる。
(a) 火星（Ojha et al., 2015）。
(b) 小惑星ヴェスタ（Scully et al., 2015）。

火星の内部の水はどうでしょうか？　火星の内部の化学組成については、火星起源の隕石が貴重な情報を提供してくれます。火星の隕石の大部分は火山岩で、火星の内部で起こる火山活動を反映しているからです。火星起源の隕石には水素が含まれており、その同位体比から水の起源が推定されました。その結果、火星の隕石に含まれる水は、火星形成後に彗星などの天体から付加されたのではなく、コンドライトのような、惑星本体を作った物質に由来することがわかりました。

マッカビンらは火星起源の隕石中の水の濃度を測り、火星内部の水の濃度を推定しました（2012年）。彼らは、火星の内部には地球のアセノスフェアと同程度の水があると結論しています。ただし、火星起源の隕石にはいろいろなものがあり、それぞれ水の濃度も違うことに注意が必要です。実際、他の隕石の研究によれば、火星内部には地球のアセノスフェアより水に富む場所もあると推定されています。

ただし、これらの隕石が火星内部の組成をどのくらい忠実に反映しているかはよくわかりません。6－4節でも述べたように、惑星全体の組成を調べる場合、地球物理学的観測を使うとより詳しい理解が可能です。火星についても地球や月と同じように、電気伝導度や潮汐摩擦の観測値が得られています。これらの観測結果から、火星内部の水の濃度が推定できるはずです。その推定と地球化学的方法とを組み合わせれば、火星内部の水についてより詳しい情報が得られるでしょう。ただし、火星のマントルは地球に比べて鉄を多く含むので、このような研究を進めるには、電気伝導度や潮汐摩擦などに鉄と水がそれぞれどう影響するかを調べる必要があります。実験室での結果を使って、地球物理学的観測から火星内部の水の分布を推定する研究はまだなされていません。

小惑星（セレスとヴェスタ）

小惑星[注2]についてはその中でも大きな天体であるセレスとヴェスタについて、かなり詳しい研究がなされています。2011年から2015年にかけてNASAのドーン[注3]計画によって、この二つの小惑星の探査がなされました。この探査により、これらの小惑星の地形や表面物質の化学組成、重力についての詳しい観測結果が得られました。また、ユークライトと呼ばれる隕石はヴェスタまたはそれに類似した天体から来たと考えられており、ユークライトの組成や年代から、ヴェスタの構造や進化についてのヒントが得られます。

セレスは小惑星帯で最大の天体で、ほぼ完全な球形をしており半径は475km、その平均軌道はスノーラインの少し外側に相当する、太陽からの平均距離が2・77天文単位のところです。密度は2・16g／㎤で、岩石を主とする深部と水（氷）を主とする浅い部分からできていると考えられています。同じくスノーラインより遠方にある氷惑星と似たような化学組成をもっています。

小惑星帯で二番目に大きな天体であるヴェスタは綺麗な球形をしていませんが、その平均半径は２６３km、太陽からの平均距離は２・３６天文単位でスノーラインより内側です。岩石の密度に近い３・４６g／cm³という密度をもっており、主成分は岩石です。ですから、ヴェスタは地球型惑星と似ており、その研究から地球型惑星がどう水を獲得したかについての重要なヒントが得られると期待できます。

以前はヴェスタにはほとんど水が存在しないと考えられていましたが、最近の二つの研究で、ヴェスタにもかなりの量の水のあることがわかってきました。それは、ドーン計画で行われたヴェスタの地形の研究とユークライトという隕石の化学組成の研究です。

まず、ドーン計画で撮影されたヴェスタの映像には、火星と同様な水の流れた跡らしい地形が見られました（**図６－９b**）。また、ユークライトにアパタイトという含水鉱物が見つかっただけでなく、その水素、炭素、窒素の同位体組成も詳しく研究され、地球や月と同様に炭素質コンドライトに近い同位体組成をもっていることがわかりました（**図２－８**）。ユークライトは太陽系ができてから間もない８００万年から２０００万年の間に形成されたものです。そこで、この研究から、スノーラインより太陽に近いところにある岩石を主体とする天体にも、太陽系形成の初期に水が取り込まれたことが推定されるのです。水が、地球型惑星に太陽系形成の後期に付加されたとする「後期ベニア説」（82ページ）にとっては都合の悪い観測事実です。

6-6 地球惑星内部の水についてわかってきたこと

この章ではまず、地球内部の水の分布についての研究を紹介しました。最新の測定機器を使った地球内部からの試料の水の分析や、地球物理学的観測を使った水の推定法を使った研究結果を解説しました。これらの研究で、地球内部には表面にある海水の量を上回る量の水があることが推定されました。

地球内部の水はプレートテクトニクスに伴う物質の移動によって地球表面に運ばれます（脱ガス）。また、海水はプレートの沈み込みによってマントル深部に戻っていきます（再ガス）。このような水の大循環によって、海水の量が決められています。地質学的記録によると、地球の形成直後から海があり、海水の量はそれほど大きく変化していないように見えます。地球上には海水の量は脱ガスと再ガスの微妙なバランスで決まっていること、再ガスの速度はいろいろの条件で大きく変化することを考えると、これは不思議な事実です。地球内部で、水の濃度を一定にする自動調節作用が働いているのかもしれません。

地球だけでなく他の惑星（衛星）の内部の水の研究も進んでいます。地球と同様な方法を適用して、月の内部の水の濃度は地球とあまり変わらないことがわかってきました。これは誰も予測していなかったことですが、この事実も月の形成された物理的環境と物質の振る舞いについての初等的な知識から説明できます。

地球、月以外の惑星（衛星）の水についての知識は限られていますが、岩石を主体にする天体にも、ほとんどの場合、水のあることがわかってきました。中でも小惑星帯はスノーラインの内側と外側にまたがった領域に存在しており、その地質活動は太陽系が生まれてすぐに停止したので、昔の事件をよく保存しています。そこで、小惑星帯の天体の研究から、太陽系形成の初期での惑星への水の取り込み方について多くを学ぶことができます。

〈注1〉ある星や惑星の周りで惑星や衛星ができる場合、その形成にかかる時間は物体の軌道運動の周期に比例します。ケプラーの法則によるとこの時間は軌道半径が小さいほど短くなります。そこで狭い空間（小さな軌道半径）では、惑星（衛星）は短時間で形成されるのです。

〈注2〉最近、セレス、ヴェスタなどの小惑星帯にある天体を、その大きさに基づいて「小惑星」と「準惑星」に区別する場合もあるようですが、ここでは小惑星帯にある天体を全て「小惑星」と呼んでおきます。

〈注3〉ドーンとは「夜明け」という意味です。小惑星を調べ、太陽系形成の初期（夜明け）を研究する目的で行われている惑星探査計画です。

水惑星に残された謎

この章では今まで学んだことをまとめ、これからの進展の方向を探っていきます。原始惑星系星雲での水の分布から始まって、地球での海の歴史などこれから知りたい問題は山積みです。

本書では、水をキーワードにして、地球や惑星の形成と進化について地球惑星科学が明らかにしたことを解説してきました。地球惑星科学の目標の一つは、地球が地質時代の大部分にわたってその表面に海と陸を保持し、生命を宿す惑星となれた理由を理解することです。この点を理解できれば、この宇宙に地球のような生命を育む惑星がどの程度あるのか、を予想できるようになるはずです。この目標に関しては、地球型惑星の深部での水の振る舞いなど、最近、理解が大きく進んだ問題もありますが、未解決な問題もたくさん残っています。

この章では、今まで解説してきた事柄を復習し、地球惑星科学の今後について考えます。

惑星の形成における水の振る舞い

惑星の化学組成は、惑星が形成されるときにほぼ決定されますがその過程は単純ではありません。この問題を考えるときに重要なのは、原始惑星系星雲の中の巨大惑星ができる領域と地球型惑星ができる領域とを分ける、スノーラインという概念です。この概念を正直に採用すると、スノーラインの内側（太陽〔星〕に近い部分）の凝縮物に水は全く含まれないことになります。その場合、スノーラインの内側でできた地球型惑星の水は全て、スノーラインの外側の凝縮物に由来すると考えなければなりません。これは現在も広く普及している考えですが、いろいろな問題をはらんでいることは第2、6章で説明しました。

注意したいのは、「水の惑星」とも呼ばれる地球ですら、海水の量は全質量のたった0・023%でしかないという事実です。この事実から、スノーラインより内側で凝縮した物質に少しでも（0・02%以上）水があったとすれば、スノーラインの外にある物質の助けを借りなくても地球のような「水の惑星」ができると考えられます。そう考えると、生命を宿しうる惑星の存在する確率が大きく増加することにもなります。

そこで、スノーラインに関して、

スノーラインの内側の凝縮物にはまったく水がないのか？

という大きな問題が浮かび上がります。

最近の観測天文学の著しい進歩のおかげで、宇宙空間にある塵の多くがアモルファス物質でできていることが確認されました。このようなアモルファス物質の形成には、星からの強い放射が大きな役割を果たしたと考えられています。ですから、アモルファス物質は星の近く、すなわちスノーラインの内側で多くできたはずです。また、隕石にもアモルファス物質は多く含まれています。アモルファス物質は液体と同様な性質をもっていて、水などの揮発性物質を容易に溶かしこみます（第2章）。実際、隕石中のアモルファス物質には、水を多量に含む蛇紋石などの含水鉱物がよく見られるのです。

これまでの惑星形成論では、アモルファス物質はほとんど無視されてきました。原始惑星系星雲や隕石に含まれるアモルファス物質の成因や性質の研究が進めば、惑星ができるときに水などの揮発性物質がどのように取り込まれるのかについて、理解が進むでしょう。アモルファス物質がスノーラインより内側でできたとすれば、同じ領域で形成された地球型惑星にもかなりの量の水（水素）が取り込まれるはずです。アモルファス物質への溶解度は元素によって異なるはずですが、その詳細はまだわかっていません。水素以外の元素のアモルファス物質への溶解度をも調べて観測との比較を行うことで、水素などの揮発性元素の起源を理解する助けになります。

水の起源の問題については、いろいろな隕石や小惑星に含まれる揮発性元素の量だけでなく、同位体の研究が役に立つでしょう。特に、いろいろな揮発性元素の量比（炭素と窒素の量比など）と同位体比（D／H、^{15}N／^{14}Nなど〔Dは重水素、Hは水素、Nは窒素〕）は、それらの元素の起源を推定するうえで有用な情報を与えます。隕石や小惑星は、太陽系ができた当初の化学組成をよく保存しています。したがって、隕石や小惑星に含まれる揮発性元素の研究が進めば、原始太陽系での水分布について理解が進むでしょう。小惑星を探査するいろいろなミッションが計画、実施されており、その結果が発表されつつあります。その一部は第6章で紹介しました。これからの研究の進展が楽しみです。

地球型惑星の進化における水の振る舞い

惑星形成の後期から直後にかけて、他の天体との衝突によって大量の気体が放出され、大気と海洋が形成されます（第４章）。しかし、高層大気から簡単に水が逃げていくような環境にある惑星では、その表面に海を長く保持することはできません。今、高層大気からほとんど水の逃げない惑星を考えましょう。この場合、惑星全体にある水の量はほぼ一定です。では、このような惑星ではいつでも海が存在し、生命が発生しうる環境を整えているのでしょうか？

そうとは限りません。惑星表面の水（海）はつねに表面にじっとしているわけではないからです。惑星表面と惑星内部とで水の行き来がある場合、惑星全体の水の量が一定でも、海水の量は変化する可能性があります。したがって、表面と内部の水の循環の様子が海水の量を決めるのです。

惑星内部と表面での物質循環の様子は、プレートテクトニクスが起こっているか否かで大きく違ってきます。地球でプレートテクトニクスが起こっていることはよく知られていますが、火星や金星など他の地球型惑星ではプレートテクトニクスは確認されていません。プレートテクトニクスはまれに起こる現象なのです（第５章）。プレートテクトニクスが起こっていない惑星では、表面と内部の物質の交換はほとんど起こりません。したがって、表面に海が存在する時間は主に高層大気からの水の散逸の速さで決まります。一方、プレートテクトニクスが起こっている場合、惑星表面と内部の物質の交換が盛んなので、惑星表面にある海水の量は脱ガス率（惑星内部から表面への水の供給率）と再ガス率（表面から惑星内部への水の供給率）のバランスで決まっています。

そこで、いろいろな惑星で生命の発生しうる条件、つまり表面に長い間海が存在する条件を考察するとき、まず考えるべきは、

地球型惑星でプレートテクトニクスが起こるのはどのような場合か？

という問題です。これは地球型惑星の進化を考える上で最も重要な問題ですが、まだ一般に受け入れられている答えはありません。第5章で説明したように、いろいろな考えがありますが、科学者の間に見解の一致はありません。

この問題を解くには、岩石の強度に関する研究、地震の発生機構の研究と、その結果を取り入れたマントル対流の理論的研究が重要になるでしょう。地球についての観測結果を詳しく検討するだけでなく、他の惑星（例えば金星、火星）での「地震」活動を含むテクトニクスの様子を研究し、地球と比較することは非常に有効でしょう。

地球のようにプレートテクトニクスが起こっている場合には、海洋と惑星内部が盛んに水の交換をしています。ここで鍵になるのは、

マントルから海洋への脱ガスと、海洋からマントルへの再ガスのバランスはどうなっているのか？

という問題です。このバランスの様子によっては、地表の海水のほとんどが惑星内部に入ってしまい、海が消滅することも起こりえます。逆に、惑星表面が完全に海に覆われてしまうこともありえます。どちらの場合も、生命の発生は困難です（生命の発生には海と陸の両方が必要だと考えられています）。

脱ガスと再ガスのバランスがどうなっているかを知るには、惑星内部で水がどう循環しているかを理解する必要があります。この理解の鍵になるのは、現在の惑星内部の水の分布です。そこで、まず地球から始めるとして、

地球内部で水はどのように分布しているのか？

を知る必要があります。第6章で解説したように、ここ数年の研究で、地球内部の水の分布はかなりわかってきました。しかし、このような研究はその端緒についたばかりで、まだまだ不明な部分が多く残っています。

例えば、マントルの遷移層についての研究の現状は、以下のようにまとめられます。地球のマントルでは、遷移層が水の大きな貯蔵庫になっていることは確認されました。そこで、遷移層が水の循環にどのような役割を果たしているかが重要になるのですが、遷移層を含むマントル内での水の分布や循環の様子についてはわかっていないことがたくさんあります。例えば、同じ遷移層でも場所によって水の量は大きく違っているようですが、その詳細はよくわかっていません。また、遷移層とその上下の領域（上部マントル、下部マントル）との水のやり取りの様子も不明です。

さらに、下部マントルや核という巨大な領域の水の量については、全くと言っていいほど知られていません。特に、核はおもに鉄からできていて水素を大量に溶かしうることが知られていますが、今のところ、核の中の水素の量はまったくわかっていません。実際に核にどれだけの水素が入っているかは、核の形成過程に依存します。逆にいえば、核の水素の量が推定できれば、核の形成過程（つまり惑星の形成過程）の理解が進むということです。

不純物を含む金属（合金）の電気伝導度の研究結果から、水素を多く含むほど核の熱伝導度は下がることが予測されます。一般に熱伝導度が下がると対流は容易になります。ですから、核に水素が多量にあれば核の対流が容易になり、核での磁場の発生を促進すると予想できます。つまり、核の水素は磁場の形成を助け、この磁場が惑星表面の生物を強い宇宙放射線（宇宙線）から守り、間接的に生命の発生、維持を助けている可能性があるのです。

しかし、核の組成の推定は一筋縄ではいきません。地球の核はその大部分が鉄でできていますが、鉄より軽い元素も含んでいます（第1章）。その候補として水素、炭素、酸素、ケイ素、硫黄などが考えられ、一意的に推定するのが難しいのです。核の水素は地球全体の水（水素）の収支を考えるうえで重要なだけでなく、磁場の生成にも関与するので、何としてでも核に含まれる水素の量を知りたいものです。

地球の水の起源・循環を考察するには、他の地球型惑星や衛星の水についての研究も重要です。惑星ごとの結果を比較することにより、地球型惑星がどのようにして水を取り込み、その内部でどのように水が循環しているのか、また、それらの様子は惑星ごとにどの程度違うのか、という理解が進むからです。第6章で詳しく解説したように、地球と月については、その内部の水の量がある程度推定されています。火星、金星、水星など、その他の地球型惑星内部にどれだけ水があるのかも知りたいところです。そこで、太陽系の他の地球型惑星の内部に水はどれだけあるのか?


という問いも重要です。

特に、火星については既に隕石の組成分析や地球物理学的、天文学的観測などが実施されており、水の量、分布について、手持ちのデータを使うだけでもかなりのことがいえるでしょう。火星ほど簡単ではありませんが、金星内部の水の量もなんとか推定したいところです。金星の大気にはほとんど水はありませんが、内部には多量にある可能性もあります。しかし、この可能性はまだ検証されていません。

系外惑星

序章で強調しましたが、系外惑星の発見は地球惑星科学にとっての大事件でした。いままでは、多くの恒星の周りに惑星(惑星系)が存在することが確認されています。これは、いろいろな惑星についての観測を比較し、惑星形成・進化の一般論を構築する比較惑星学を建設する準備ができつつあるということです。

しかし、今のところ、系外惑星の構造や組成に関する知識は非常に限られています。主として岩石からできているらしい地球型の系外惑星も見つかっていますが、質量と半径、軌道（星からの距離と離心率）くらいしかわかっていません。系外惑星の場合、太陽系の惑星のように、その内部構造や組成を詳しく研究することは難しいでしょう。系外惑星の内部の水の分布を直接観測できるようになるとは期待できません。この限界を踏まえたうえで系外惑星をどう研究するかを検討する必要があります。近い将来に進歩しそうなのは、大気の構造についての観測です。系外惑星の光スペクトル解析から、その大気の組成がわかるようになりつつあります。そこで、

系外惑星の大気の組成はどうか？

は是非調べてみたい問題です。大気の組成から、海洋の有無は推定できるでしょう。また、大気中の酸素の有無から、生命が存在するか否かがわかる可能性があります。さらに、惑星の内部と大気、海洋との関係の理解を深めれば、系外惑星の内部の構造・組成がある程度推定できるようになるかもしれません。

海水の歴史

また、地球に戻って言えば、海水の量が歴史とともにどう変化してきたかも、あまりわかって

いません。第6章で過去6億年の推定について解説しましたが、もっと古い時代の海水の量に関してはほとんどデータがありません。また、過去6億年に限っても海水準の変動は激しく、この変動のどこまでが海水量の変動を表し、どこまでが観測点のある陸の上下運動によるのかは、よくわかっていないのです。すなわち、

地球の海水の量はどのように変化してきたのか?

は重要な課題であり、新たなアプローチが求められています。

大陸の運動にあまり影響されない、深海堆積物などを用いた海水量の推定の可能性も考えてみたい問題です。いろいろな時代の深海堆積物の化学組成から、海水量の変動の歴史がわかる可能性があります。

地球惑星科学を学びたい人のために

地球惑星科学はいろいろな専門分野にまたがる超学際的な科学です。このような科学をどう学んでいけばよいのでしょうか。

地球惑星科学の醍醐味

今まで、地球惑星科学の最近の進歩を、水に関する話題を中心に解説してきました。地球などの惑星の水はどこから来たのか、惑星の内部で水がどのように循環しているのかといった謎に、科学者がどのように挑み、どこまで明らかになってきたかがおわかりいただけたと思います。また、今後の課題として残っている問題も挙げました。

地球惑星科学で扱う問題の多くは、普段見かける条件からそれほど遠くない条件で起こる物理化学現象の組み合わせの結果として起こっています。ですから、地球惑星科学は、ブラックホールなど想像を絶する条件で起こる現象を研究する宇宙物理学に比べて、挑戦しやすい分野だといえるでしょう。

しかし、個々の現象の理解が易しくても、地球惑星科学が簡単でつまらないものだとは言えません。地球惑星科学の焦点は、極限条件での時間と空間の性質（例えば、ブラックホール）や不可解な現象（例えば、超伝導）のような個々の問題を突き詰めて理解することにではなく、多様な環境で無数の因子が組み合わさって起こる現象を解明することにあります。いろいろな因子の絡み合った問題が多いので、一見するととても込み入っているように見えることが多いのですが、よく考察すると、要点は比較的簡単であることがしばしばあります。見かけ上複雑な問題を単純な問題に帰着させるには独特のセンスが必要で、これは地球惑星科学の醍醐味の一つです。

そのごく簡単な例として、月になぜ地球と同じくらい水があるのかという問題を挙げましょう。この問題では、惑星形成時に起きた高温の気体の凝縮が鍵になります。数年前まで、ほとんどの地球惑星科学者は気体から固体への凝縮だけを考えていました。この考え方では、月に地球と変わらない量の水が存在するという観測事実を説明することはできません。

この問題を解決するのに必要なのは、誰もが知っている高校レベルの物理と化学の知識でした。すなわち、物質の相図（**図３―１**）とニュートンの力学と重力理論を組み合わせると、月が形成した環境で生じる凝縮物は固体ではなく液体である、と結論できたのです。私はこの考えをもとに、月の組成の謎の一部を解きました。とても簡単だと思いませんか？　地球惑星科学には、このような簡単に解ける問題がたくさんあります。

なぜ多くの科学者がこんな簡単なことに気づかなかったのか、読者は不思議に思われるかもしれません。科学者はいろいろなトレーニングを受け、ある分野の専門家になったのですが、狭い分野で研究を続けているうちに視野が狭くなり、肝心な基礎を忘れてしまうことがよくあるのです。

特に忘れやすいのは、暗黙に置いた前提条件です。たいていの場合、科学者は暗黙の前提条件のもとで研究に従事しています。そして、その研究を進めていくには、いろいろな技術的挑戦が必要です。科学者はそれらの挑戦で忙しく、前提条件自体を疑うことが少ないのです。もし、暗黙に置いた前提条件に限界や矛盾があることに気づけば、それはパラダイムの転換（パラダイムシフト）をもたらし、大きな突破口を開くことになります。

地球惑星科学の学び方

私から特に若い読者に、地球惑星科学の学び方をアドバイスするとすれば、まず、いろいろな科学の基礎である物理と化学をしっかりと勉強しておくことをお勧めします。日本の教育の程度は高いですから、高校レベルの物理や化学を理解していれば、この本で解説した大抵の地球惑星科学の内容は理解できるでしょう。物理や化学の基礎知識の勉強と並行し、本書のような一般向けの解説書を読み、地球惑星科学の現状を概観してください。

こういう勉強をするとき、現在の地球惑星科学がどこまで進んでいるかだけでなく、何がまだわかっていないかにも注意することが大事です。そのような知見を得るなかで興味のある問題に出会えたら、もう一度、基礎科学（物理、化学など）を勉強しなおしましょう。今度は問題意識があるので、より深く理解できるはずです。そうすると、地球惑星科学の問題を見る眼も変化してきます。基礎をしっかり勉強することは、農耕において肥えたよい土地を耕すことに相当します。時間がかかりますが、よく肥えた土地を作っておけば、後で綺麗な花が咲き、よい果実が実るのです。

地球惑星科学は、物理学、化学、地質学、天文学、生物学などいろいろな分野にまたがった学際的科学です。あまりにも広範な分野にまたがっており、そのすべての分野に精通することは困難です。無理をすることはありません。まず、どれか一つでいいから、自分にあった得意な分野（方法）を選びましょう。そして、それを武器に、幅広い分野に眼を向けるのです。

その場合、科学の基礎がしっかり身についていれば、一般に普及している考えが基本的な原理に矛盾していたり、大切な因子を忘れていたりしていることに気づくことがあります。「これはおかしい」とか「これは面白い」ということに気づき、新しい問題がどんどん見つかります。人は、他人が気づいていない問題を見つけると、それに熱中する傾向があります。したがって、よい問題を見つけさえすれば、簡単には諦めず、粘り強く研究を続けることはそれほど難しいことではないのです。すぐれた研究がなされるのは、このような流れであることが多いように思います。

研究で一番大事なのはよい問題を選ぶことです。今、流行している、誰もがやっていることを研究するのではなく、独自な問題やアプローチを見つけ、それに集中することが大事です。学際的科学である地球惑星科学では、選択肢が多くある分だけ、それが比較的容易であると思います。

また、できあがった科学を学ぶだけでなく、科学者がいかにして自然の秘密を解き明かそうとしてきたかを学ぶこと、つまり科学の歴史にも眼を通すことをお勧めします。歴史を知ると現在を見る眼が変わってきます。科学者の悪戦苦闘の様子はドラマとして興味深いだけでなく、歴史を知っていると、教科書などに書いてあることをより広い眼で、批判的に捉える助けになります。私たちが、科学の成果として学ぶことは絶対的な真理ではなく、その時点での人間の理解の限界を示す、相対的な真理なのです。

また、本書でもたびたび指摘しましたが、自然現象ではいろいろな因子が、直接的にではなく間接的に影響しあっていることがあります。科学研究の行き詰まりの多くは、物事の関係が直接的だという思い込みに拘っているためであることが多いのです。そんなとき、「回り道をしてみたらどうか」と考えると、謎が解けることがあります。その例をいくつか本書で紹介しましたが、私はこのことを、科学の歴史から学びました。

本書では地球惑星科学の先端問題の一つである、地球（および惑星）の水がどこから来て、どのようにその内部に分布し、循環しているのかを解説してきました。私たちの住む地球が他の惑星とどれほど違っているのか、なぜ地球が生命を育むユニークな惑星になったのか、といった問題には、この分野を勉強する学生のみならず、多くの人が興味をもつことでしょう。「われわれはどこから来て、どこへ行くのか」という問いは、誰もがその答えをもちたいものだと思います。地球惑星科学はこの問いへの答えを探る学問です。

本書が広い読者に読まれ、地球惑星科学への関心が深まるきっかけになればうれしく思います。

謝辞

本書を執筆するにあたり、いろいろな人のお世話になりました。まず、講談社サイエンティフィクの渡邉拓さんは本書の執筆を勧めてくださっただけでなく、丁寧に原稿を読み、特に若い読者の立場から多くの助言をくださいました。また、ブルーバックス編集部の慶山篤さんにもお世話になりました。阿部豊、家正則、上田誠也、丸山茂徳、吉岡直人の諸氏には原稿を読んでいただきました。特に丸山茂徳さんと家正則さんからは多数の有益なコメントをいただきました。また、永原裕子さんには隕石についてご教示して頂きました。

413-423.

Karato, S. (2013), "Geophysical constraints on the water content of the lunar mantle and its implications for the origin of the Moon", *Earth and Planetary Science Letters*, v. 384, 144-153.

Ojha, L., Wilhelm, M.B., Murchie, S.L., McEwen, A.S., Wray, J.J., Hanley, J., Massé, M. and Chojnacki, M. (2015), "Spectral evidence for hydrated salts in recurring slope lineae on Mars", *Nature Geoscience*, v. 8, 829-832.

Parai, R. and Mukhopadhyay, S. (2012), "How large is the subducted water flux? New constraints on mantle regassing rates", *Earth and Planetary Science Letters*, v. 317-318, 396-406.

Pearson, D.G., Brenker, F.E., Nestola, F., McNeill, J., Nasdala, L., Hutchison, M.T., Matveev, S., Mather, K., Silversmit, G., Schmitz, S., Vekemans, B. and Vincze, L.(2014), "Hydrous mantle transition zone indicated by ringwoodite included within diamond", *Nature*, v. 507, 221-224.

Scully, J.E.C., Russell, C.T., Yin, A., Jaumann, R., Carey, E., Castillo-Rogez, J., McSween, H.Y., Raymond, C.A., Reddy, V. and Le Corre, L. (2015), "Geomorphological evidence for transient water flow on Vesta", *Earth and Planetary Science Letters*, v. 411, 151-163.

Shito, A., Karato, S., Matsukage, K. and Nishihara, Y.(2006), "Toward mapping water content, temperature and major element chemistry of Earth's upper mantle from seismological observations", in *Subduction Zone Factory* (edited by J.M. Eiler), 225-236.

Watson, E.B. and Harrison, T.M. (2005), "Zircon thermometer reveals minimum melting conditions on earliest Earth", *Science*, v. 308, 841-844.

第5章

Bercovici, D. and Karato, S. (2003), "Whole-mantle convection and the transition-zone water filter", *Nature*, v. 425, 39-44.

Karato, S. (2015), "Water in the evolution of the Earth and other terrestrial planets", in *Treatise on Geophysics*, v. 9, 105-144.

Kohlstedt, D.L., Evans, B. and Mackwell, S.J. (1995), "Strength of the lithosphere: Constraints imposed by laboratory measurements", *Journal of Geophysical Research*, v. 100, 17587-17602.

Vine, F.J. and Matthews, D.H. (1963), "Magnetic anomalies over oceanic ridges", *Nature*, v. 199, 947-949.

第6章

Demouchy, S. and Bolfan-Casanova, N. (2016), "Distribution and transport of hydrogen in the lithospheric mantle: A review", *Lithos*, v. 240-243, 402-425.

Hauri, E.H., Weinreich, T., Saal, A.E., Rutherford, M.C. and Van Orman, J.A. (2011), "High pre-eruptive water contents preserved in lunar melt inclusions", *Science*, v. 333, 213-215.

Karato, S. (2011), "Water distribution across the mantle transition zone and its implications for global material circulation", *Earth and Planetary Science Letters*, v. 301,

初の試み。地球や月の低温起源説など今では受け入れられていない考えも述べられているが、この分野の骨組みを作った歴史的な書物。イェール大学でのシリマン講義に基づく。)

家正則（2016年）、『ハッブル——宇宙を広げた男』、岩波書店 （自身も観測天文学者である著者が、原典にあたってハッブルの学問のみならず人間性にも興味深い分析をしている一般向けの書物。)

小沼直樹他編（1978年)、『太陽系における地球』、岩波講座地球科学第13巻、岩波書店

第3章

Hartmann, W.K. (1999), *Moons and Planets*, Wadsworth Publishing Company.

Hirth, G. and Kohlstedt, D.L. (2003), "Rheology of the upper mantle and the mantle wedge: A view from the experimentalists", in *Inside the Subduction Factory* (edited by J.M. Eiler), 83-105.

Karato, S. (2011), "Water distribution across the mantle transition zone and its implications for global material circulation", *Earth and Planetary Science Letters*, v. 301, 413-423.

Karato, S. (2015), "Water in the evolution of the Earth and other terrestrial planets", in *Treatise on Geophysics*, v. 9, 105-144.

第4章

Rubey, W.W. (1951), "Geologic history of sea water: An attempt to state the problem", *Geological Society of America Bulletin*, v. 62, 1111-1148.

Proceedings of the Japan Academy, v. B92, 45-55.

第2章

Albarède, F. (2009), "Volatile accretion history of the terrestrial planets and dynamic implications", *Nature*, v. 461, 1227-1233.

Genda, H. (2016), "Origin of Earth's oceans: An assessment of the total amount, history and supply of water", *Geochemical Journal*, v. 50, 27-42.

Hubble, E. (1929), "A relation between distance and radial velocity among extra-galactic nebulae", *Proceedings of National Academy of Sciences of the United States of America*, v. 15, 168-173.

Karato, S. (2015), "Water in the evolution of the Earth and other terrestrial planets", in *Treatise on Geophysics*, v. 9, 105-144.

Penzias, A.A. and Wilson, R.W. (1965), "A measurement of excess antenna temperature at 4080 Mc/s", *The Astrophysical Journal*, v. 142, 419-421.

Saal, A.E., Hauri, E.H., Van Orman, J.A. and Rutherford, M.J. (2013), "Hydrogen isotopes in lunar volcanic glasses and melt inclusions reveal a carbonaceous chondrite heritage", *Science*, v. 340, 1317-1320.

Seager, S., Kuchner, M., Hier-Majumder, C.A. and Militzer, B. (2007), "Mass-radius relationships for solid exoplanets", *The Astrophysical Journal*, v. 669, 1279-1297.

Urey, H.C. (1952), *The Planets: Their Origin and Development*, Yale University Press.（惑星の形成過程を物理と化学の原理に基づいて体系的に理解しようとした最

参考文献

本書を読んで、もっと詳しく地球科学を勉強したいと思われる方には、まずチャールズ・ラングミュアとウォーリー・ブロッカー『生命の惑星』（京都大学学術出版会、2014年）をお勧めします。宇宙の起源から生命、環境科学まで、非常に幅の広い分野をカバーしています（ただし、物理学に関連した問題の記述には誤りが多いので要注意）。惑星科学一般では Hartmann, W.K., *Moons and Planets* (Wadsworth Publishing Company、最新版〔第５版〕は2004年）が物理過程に重点を置いた良い教科書ですが、日本語訳はまだ出ていません。いずれも学部学生レベルです。

他に本書と関連したテーマを扱った一般向けの本として、阿部豊『生命の星の条件を探る』（文藝春秋、2015年)、廣瀬敬『できたての地球』（岩波書店、2015年）などがあり、それぞれ特徴があります。本書と読み比べるとよいでしょう。

また、本書では紙数の関係もあり、生命に関してはほとんど触れませんでした。生命と地球惑星の進化の関係については上記の書物以外に、丸山茂徳『地球と生命の46億年史』(NHK出版、2016年）があります。著者の壮大な学問観が披露されています。

本書で引用した文献は以下の通りです。

第１章

Hartmann, W.K. (1999), *Moons and Planets*, Wadsworth Publishing Company.

Tamura, M. (2016), "SEEDS－Strategic explorations of exoplanets and disks with the Subaru Telescope",

〈ま行〉

〈や・ら・わ行〉

〈な・は行〉

〈さ行〉

〈た行〉

〈か行〉

さくいん

〈人名〉

〈アルファベット〉

〈あ行〉

N.D.C.450　270p　18cm

ブルーバックス　B-2008

地球はなぜ「水の惑星」なのか

水の「起源・分布・循環」から読み解く地球史

2017年 3 月20日　第1刷発行

著者　唐戸俊一郎

発行者　鈴木　哲

発行所　株式会社講談社

〒112-8001　東京都文京区音羽2-12-21

電話　出版　03-5395-3524

販売　03-5395-4415

業務　03-5395-3615

印刷所　（本文印刷）慶昌堂印刷株式会社

（カバー表紙印刷）信毎書籍印刷株式会社

製本所　株式会社国宝社

ISBN978－4－06－502008－1

発刊のことば

科学をあなたのポケットに

二十世紀最大の特色は、それが科学時代であるということです。科学は日に日に進歩を続け、止まるところを知りません。ひと昔前の夢物語もどんどん現実化しており、今やわれわれの生活のすべてが、科学によってゆり動かされているといっても過言ではないでしょう。

そのような背景を考えれば、学者や学生はもちろん、産業人も、セールスマンも、ジャーナリストも、家庭の主婦も、みんなが科学を知らなければ、時代の流れに逆らうことになるでしょう。

ブルーバックス発刊の意義と必然性はそこにあります。このシリーズは、読む人に科学的に物を考える習慣と、科学的に物を見る目を養っていただくことを最大の目標にしています。そのためには、単に原理や法則の解説に終始するのではなくて、政治や経済など、社会科学や人文科学にも関連させて、広い視野から問題を追究していきます。科学はむずかしいという先入観を改める表現と構成、それも類書にないブルーバックスの特色であると信じます。

一九六三年九月

野間省一